图1　细菌性叶斑病

图2　甜瓜病毒病病叶正面

图3　甜瓜病毒病病叶背面

图 4　根结线虫病根

图 5　根结线虫病植株

图 6　细菌性果腐病

河南省"四优四化"科技支撑行动计划丛书

优质甜瓜轻简化种植技术

主编 史宣杰 马 凯 杨 凡 蔡毓新

中原农民出版社

·郑州·

图书在版编目（CIP）数据

优质甜瓜轻简化种植技术 / 史宣杰等主编 . — 郑州：
中原农民出版社，2020.12
ISBN 978-7-5542-2343-7

Ⅰ．①优… Ⅱ．①史… Ⅲ.①甜瓜-瓜果园艺
Ⅳ.①S652

中国版本图书馆CIP数据核字（2020）第225596号

优质甜瓜轻简化种植技术
YOUZHI TIANGUA QINGJIANHUA ZHONGZHI JISHU

出 版 人：刘宏伟
选题策划：段敬杰
责任编辑：韩文利
责任校对：王艳红
责任印制：孙 瑞
装帧设计：杨 柳
排版制作：河南海燕彩色制作有限公司

出版发行：中原农民出版社
　　　　　地址：郑州市郑东新区祥盛街 27 号　　邮编：450016
　　　　　电话：0371-65788651
经　　销：全国新华书店
印　　刷：河南瑞之光印刷股份有限公司
开　　本：787mm×1092mm　1/16
印　　张：7
插　　页：2
字　　数：120 千字
版　　次：2021 年 3 月第 1 版
印　　次：2021 年 3 月第 1 次印刷
定　　价：20.00 元

如发现印装质量问题，影响阅读，请与印刷公司联系调换。

编 委 会

主　编　史宣杰　马　凯　杨　凡　蔡毓新

副主编　常高正　程俊跃　申战宾

编　委（排名不分先后）
　　　　陈建峰　陈绘利　段敬杰　吉　淼　米国全
　　　　牛莉莉　师恭曜　宋万献　唐艳领　位　芳
　　　　赵秀山

目录
Contents

一、概述

1. 什么是甜瓜轻简化种植?

甜瓜轻简化种植是指综合利用现代农业科学技术(依靠机械化、数字化、智能化设施设备),在保持产量和品质有所提高的前提下,通过选择优良品种,培育优质种苗,配套设施设备,应用信息化技术,简化操作环节,降低劳动强度,减少用工数量等措施,对甜瓜栽培种植过程进行优化和改进,以提高生产资料利用效率,进而实现甜瓜的优质、高效、规模化及产业化生产的一种种植技术。

2. 甜瓜轻简化种植的优势有哪些?

甜瓜种植过程中的技术环节较多,包括良种选择、种苗培育、整地施肥、合理定植、水肥管理、植株调整、采收储运等。传统种植方式,管理费时费工,效率低且劳动强度大。通过甜瓜轻简化种植技术的应用,可以实现由资源消耗型生产向科技推动型生产转变,提高甜瓜生产技术含量,改善生产条件,减轻劳动强度,进而提高土地产出率和劳动生产率,保证产品质量,最终达到增产增收之目的。

3. 我国甜瓜主产区栽培甜瓜何时播种与收获?

(1)保护地

●地膜覆盖栽培。华南地区一般为2~3月播种,5~6月收获;黄淮海地区及长江流域为4月播种,6~7月收获。东北三省、新疆、甘肃、内蒙古及青海等地为5月播种,8~9月收获。海南三亚和云南南部的西双版纳、德宏等地,为9月中旬至10月播种,12月收获。

1

●塑料大棚栽培。

播种期：华东地区为2月上旬，黄淮海地区为2月中旬，华北地区为2月下旬，西北地区为3月上旬，东北地区为3月中上旬。

定植期：华东地区为3月中上旬；黄淮流域为3月中下旬；西北、东北等寒冷地区为4月中上旬。

●日光温室栽培。

冬播春收或春播夏收：一般在11～12月播种，翌年1月定植，收获期为3～4月，如市场行情较好，可多茬采收至6月拉秧。

秋播冬收：通称秋冬茬。一般在7～8月播种，8～9月定植，9月下旬至12月收获。

（2）露地栽培　大部分地区均为春播夏收，如华南地区，2～3月播种，5～6月收获；黄淮海地区及长江流域，均为4月播种，7月收获。东北三省、新疆、内蒙古及青海等地为夏播秋收，一般5月播种，7～9月收获。

温馨提示

5厘米地温稳定在10℃以上时为甜瓜的播种期。甜瓜植株生育的低限温度为8℃，播种不可过早也不能过晚，过早会烂种，过晚会影响成熟。

---

4. 我国甜瓜主产区栽培方式有哪些?

甜瓜喜温耐热不耐霜冻，栽培季节受霜期和积温限制。薄皮甜瓜在我国西北、东北地区，为春种秋收；华北、华南春种夏收；三亚、西双版纳等地为秋种冬收或多季种收。厚皮甜瓜多高畦栽培。中国西北地区少雨，形成了特有的旱作灌溉栽培方式。华北地区用平畦栽培薄皮甜瓜，用高畦栽培厚皮甜瓜。

（1）以新疆、内蒙古西部为代表的西北地区　厚皮甜瓜生产均为露地栽培，薄皮甜瓜种植很少。近年来开始少量试用设施栽培。

（2）以黑龙江、吉林、内蒙古东部为代表的东北地区　薄皮甜瓜广泛种植，大部分为露地栽培。局部地区发展了一些设施栽培，如大庆、大连郊区的厚皮甜瓜采用温室、大棚栽培。

（3）以河南、山东、浙江、安徽为代表的中东部地区　薄皮甜瓜多为露地栽培，厚皮甜瓜多为设施栽培。特早熟的日光温室栽培为华北地区所独创。薄皮甜瓜品种以各地的地方优良品种为主，厚皮甜瓜品种以早熟光皮类为主。

（4）以珠江三角洲地区、海南南部为代表的南部地区　薄皮甜瓜露地栽培很少，20世纪90年代以来，在温室、大棚采用无土栽培技术种植中早熟优质品种的厚皮甜瓜，作为新兴的精品甜瓜生产亮点，发展较快。近年来海南南部逐步推广成本较低的简易大棚厚皮甜瓜无土栽培，取得了较好的经济效益。

5. 甜瓜种植的经济效益如何？

甜瓜的单产水平比较高，不同条件下单产差别也有一定规律，即北方地区一般比南方地区高；厚皮甜瓜比薄皮甜瓜高；中晚熟品种比早熟品种高；设施栽培比露地栽培高；灌溉栽培比旱地栽培高；集约栽培比粗放栽培高。近年也有限制产量提高质量获得高效的报道。

甜瓜种植成本的构成，包括基肥1 000～1 200元，追肥、用药300～400元，建棚折旧及地租800～1 000元，种苗1 000～1 200元，水、电200～300元，人工1 000～1 500元，亩(1亩≈667米^2)生产成本合计4 300～5 600元。甜瓜一般每亩产量为3 500～4 000千克，平均单价以3元／千克计算，亩收益为10 500～12 000元。

二、甜瓜轻简化种植设施设备及利用

1. 塑料大棚的主要类型有哪些?

塑料大棚由于各地用材、面积大小不同,主要类型有竹木结构,水泥支柱、竹木和钢筋混合结构,金属线材焊接支架或镀锌钢管结构等。现在已有专业工程队,可根据用户需要进行依据地形地貌而建。

塑料大棚一般脊高1.8米,肩高1.2米以上,跨度7～12米,面积一般在1亩左右。塑料大棚由拱架上覆盖塑料薄膜构成,其结构简单,建造容易,投资较少,土地利用率高,操作方便。

2. 日光温室的主要类型有哪些?

日光温室完全利用日光作热能来源,再加上良好的保温设施来创造适宜的温度环境,不用加温,可节约能源,故又称节能型温室。因其设施简单,造价低,因此在生产中广泛使用。

北方各地在建造日光温室方面,积累了很多的经验,发明创造了多种适合当地气候条件的节能型日光温室新类型,如长后坡矮后墙日光温室(图2-1),短后坡高后墙日光温室(图2-2),河南黄淮改良式日光温室(图2-3),一斜一立式塑料日光温室(图2-4)等。现已有专业工程队根据用户需要建造日光温室。

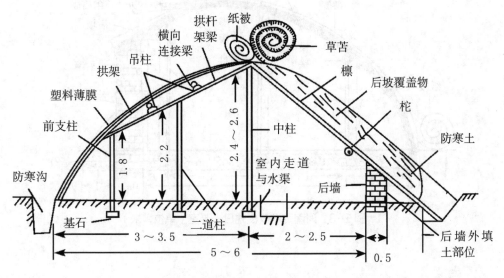

图 2-1 长后坡矮后墙日光温室（单位：米）

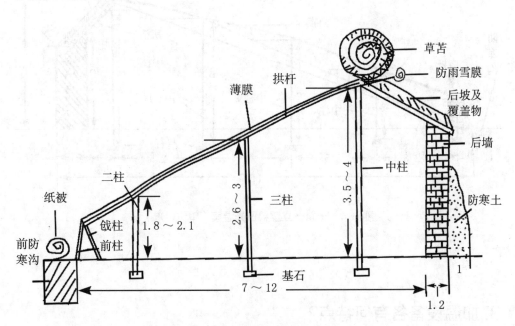

图 2-2 短后坡高后墙日光温室（单位：米）

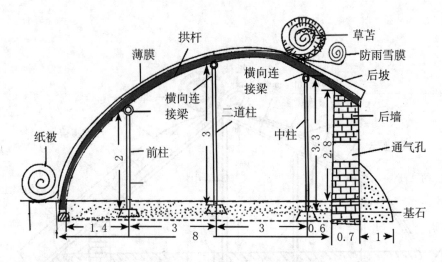

图2-3　河南黄淮改良式日光温室（单位：米）

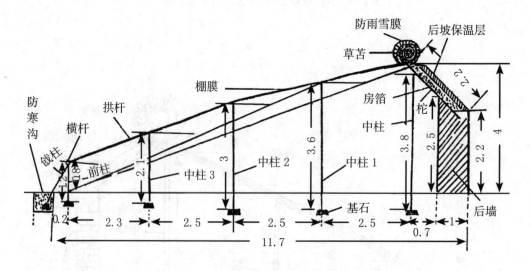

图2-4　一斜一立塑料日光温室（单位：米）

3.加温设备各有何特点?

（1）电热线加温设备　电热线加温有地加温和空气加温2种形式。

（2）暖气或地热加温设备　有暖气供暖（图2-5）、热水供暖、地下温泉水供热。

图2-5 温室暖气供暖

（3）热风机

● 电热风机（图2-6）。

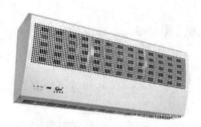

图2-6 电热风机

● 燃气热风机（图2-7）。

图2-7 燃气热风机

●燃油热风机（图2-8）。

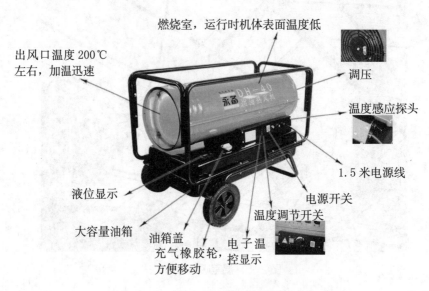

燃烧室，运行时机体表面温度低

出风口温度200℃
左右，加温迅速

调压

温度感应探头

1.5米电源线

液位显示

电源开关

温度调节开关

大容量油箱

油箱盖
充气橡胶轮，
方便移动

电子温
控显示

图2-8 燃油热风机

●燃煤热风机

A. 全自动燃煤热风机（图2-9）。

图2-9 全自动燃煤热风机

B. 普通燃煤热风机(图 2-10)。

图 2-10 普通燃煤热风机

4. 通风降温设备各有何特点?

（1）自然通风系统 通过开启棚室边膜、顶膜的方法，依靠风力和设施外空气起到通风降温的目的。

（2）遮阳材料降温系统 遮阳降温设备包括外遮阳和内遮阳设备，主要由动力装置、支撑装置、遮阳网等几部分组成。遮阳网的遮光率越高，降温作用越大。通常外遮阳网的降温效果优于内遮阳网，可使温度下降 3～8℃，内遮阳只有在顶端和侧面通风条件均较好时，才能发挥出较好的降温效果。作物生长一般需要较强的光照条件，一般选择遮光率在 45%～70% 的遮阳网。

（3）湿帘风机系统 利用蒸发降温原理，依靠大量空气运动来给温室降温。

（4）喷雾降温系统 该系统是湿帘降温的一种替代方式，在高压下将水雾化，引入温室，随着雾滴的蒸发而使空气温度降低。

5. 二氧化碳气体补充设备各有何特点？

（1）液态二氧化碳钢瓶 使用二氧化碳钢瓶施肥，还应配备减压阀、电磁阀、电磁阀控制器、二氧化碳控制器、供气管和输气管等。使用时只需打开设备电源及二氧化碳钢瓶，就可以完全自动化运行，不需要人工干预，通风之前要关闭设备电源及气瓶（图2-11）。

图2-11 液态二氧化碳钢瓶

（2）二氧化碳发生器 二氧化碳发生器主要包括点火装置、燃烧室、自动监控装置、安全控制装置等，工作时需要配备钢瓶燃料供应系统。每千克石油液化气通过充分燃烧反应可产生3千克二氧化碳，每小时可产生3.45千克二氧化碳，燃料消耗1.15千克。一般一个二氧化碳发生器设计为1亩的二氧化碳供应量。二氧化碳发生器通过燃烧法产生二氧化碳，相对于其他方式，成本较低，安全可靠，并且每次在供应二氧化碳的同时，也可以提高温室内的温度（图2-12）。

图2-12 二氧化碳发生器

（3）吊挂式二氧化碳气肥袋　　将支持剂倒入装有二氧化碳发生剂的自封袋，充分混合，在袋上均匀烫出 8～12 个孔，封上自封袋后挂在距离植物冠层 0.5～1 米处，每亩地 20 袋。白天有日光照射时就可连续、稳定地产生二氧化碳气体，夜晚无光照时不释放二氧化碳气体，一般有效期为 30 天左右，不影响正常的田间作业（图 2-13）。

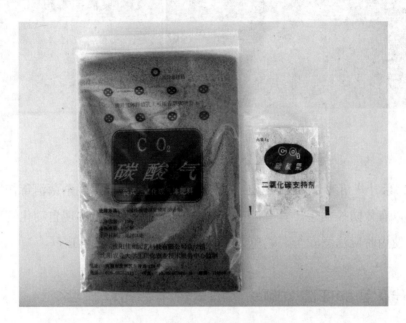

图 2-13　吊挂式二氧化碳气肥袋

6. 补光设备有哪些?

当温室内地面上光照日总量小于 100 瓦/米^{2}时，或每天光照时数不足 4.5 小时，就应进行人工补光。目前应用在日光温室上的补光设备主要有高压钠灯、金属卤化物灯、荧光灯、发光二极管等。

7. 消毒设备各有何特点?

（1）臭氧消毒机　　是以空气中的氧气为原料，在高频、高压放电作用下产生臭氧，主要用于温室、大棚中消毒、杀菌、灭虫卵。如图 2-14 所示。

图 2-14　臭氧消毒机

（2）紫外线消毒系统　是通过短波紫外线的照射来实现杀菌消毒作用的装置，可以有效防控病害。具有广谱高效、操作简单、便于实现自动化管理等优点。但使用时应注意安全，避免紫外线直接照射操作人员的皮肤。

8. 现代化智能环境监测与调控系统主要包括哪些？

现代化温室的大小及性能，因国家、地区及使用单位不同，建成规格与建造方式而千差万别，最多的仍是拱圆式（图2-15）和屋脊式（图2-16）智能设施。

图 2-15　暖气加热拱圆式温室

图 2-16　暖气加热屋脊式温室

（1）北京旗硕物联网监控平台　在设施育苗区安装一定数量的监控设备，可实现对育苗设施的环境监测和视频监控，保证每一株苗都处于最佳生长环境，实现育苗的标准化、精细化管理，最大限度提高产量和质量（图 2-17～图 2-23）。

图 2-17　环境监测和视频监控现场

图 2-18　环境监测现场

图 2-19　环境监控平台

图 2-20　视频监控平台

图 2-21　视频监控现场

图2-22　物联网监控室外景

图2-23　物联网监控室

（2）温室娃娃　　温室娃娃是一种环境监测仪器，如图 2-24 所示。该仪器可对温室内的空气温度、空气相对湿度、露点温度、土壤温度等环境信息进行实时监测，测量信息在显示屏上直观地显示，同时根据用户设置的适宜条件判断当前环境因素是否符合种植作物的生长，并通过语音方式把所测环境参数值、管理作物方法及仪器本身的工作情况等信息通知用户。

图 2-24　温室娃娃

（3）主动式无线温湿度测量系统　　主动式无线温湿度测量系统，如图 2-25所示。主要用于设施农业、库房、暖通等场合环境的温湿度测量，产品采用高度集成、超低功耗、微功率、单向发射无线传感器模块，使用超低功耗单片机和高性能低功耗发射芯片，内置 12 位高精度 AD，可以直接连接各种主流数字与模拟传感器。

产品采用星形网络、树形网络（增加中继），传感器节点按照设置的时间间隔（1 ～ 120 秒）向无线数据传模块传输数据，无线数据传模块通过 USB 或RS485 方式与上位机软件进行通信。简单、单向的数据传输网络结构进一步降低系统功耗，延长网络寿命，使用两节 5 号电池可工作 2 年以上。星形网络节点之间传输视距达 700 米，树形网络覆盖距离达 2 千米。

图 2-25　主动式无线温湿度测量系统

（4）基于平板电脑的设施环境及灌溉自动控制系统　系统以嵌入式低功耗工业级平板电脑为核心，以总线方式（有线或无线）扩展基于标准 Modbus 协议的信号采集及输出控制模块，并可根据用户的实际需求调整传感器及控制输出数量，从而组成不同规模的系统，真彩液晶触摸屏可以模拟现场实际设备布局，并以图形化的方式显示现场监测实时数据，以动画的形式显示设备运行状态，操作简单，可靠性高，扩展性好，可广泛应用于温室种植、园艺栽培等领域。如图 2-26 所示。

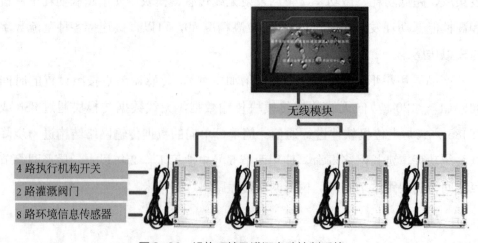

图 2-26　设施环境及灌溉自动控制系统

（5）设施环境群测群控物联网系统 该系统广泛应用于温室种植、园艺栽培等领域。能够实时采集空气温度、空气相对湿度、土壤温度、土壤湿度和二氧化碳浓度等环境信息（系统的价格与选择的传感器种类和数量有关），将采集到的环境信息通过有线或无线的方式发送给中央监控器，中央监控器采用工业用平板电脑，能够以直观的图表和曲线的形式将数据显示给用户。同时，用户可以根据生产需要，设置温室内天窗、湿帘、灌溉等执行设备的自动调节条件（环境参数界限或时间条件），从而实现农业生产管理的现代化、智能化和高效化。如图2-27所示。

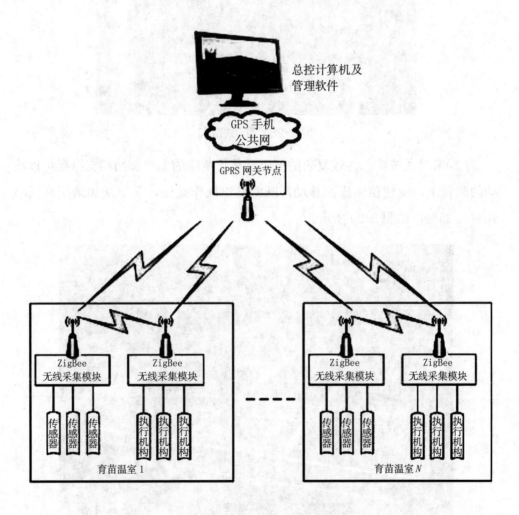

图2-27 环境群测群控物联网系统

19

9. 苗床主要包括哪些类型?

（1）固定式苗床 为最简单的苗床。苗床结构简单，建造安装方便，成本低廉，主要应用于小规模育苗生产。如图2-28所示。

图2-28 固定式苗床

（2）滚动式苗床 为较复杂的苗床，是将苗床的上半部结构支撑在可以滚动的圆管上，能使苗床床面移动，既能腾出操作走道，又能增加地面利用率10%～25%，如图2-29所示。

图2-29 滚动式苗床

（3）电动立体多层育苗床架　BNGM-Ⅱ型电动立体多层育苗床架采用镀锌材料作支撑架，铝合金材料作床架，单体育苗架长度 6～12 米，宽度 1.7 米，育苗架层数一般为 3 层（上层 2～4 米，中层 3～6 米，底层 6～12 米），可根据不同地区进行调整床架长度、层数和层间距。上层床架可靠在温室后墙上，使每层培育的幼苗都有充足的光照。每个单体床架可左右小范围移动。采用分布式半周微喷灌进行灌溉，并可将多余水分集中回收再利用，从而提高水分利用率。采用电动控制升降，减轻劳动强度。

在 1 000 米^2 设施使用面积上应用该床架，有效育苗面积可达 1 200～1 600 米^2，相对于智能连栋温室有效育苗面积提高 50%～80%。通过集约化育苗每批次可育苗 50 万株左右，每年可育苗 250 万株以上，可获得较好的经济效益。

10. 基质处理设备主要包括哪些？

（1）基质消毒机　实际上就是一台小型蒸汽锅炉。国外有出售的成型机；国内虽未见有成型机，但可以买一台小型蒸汽锅炉，根据锅炉的产汽压力及产汽量，自制一定体积的基质消毒池替代，池内连通带有出汽孔洞的蒸汽管，设计好进、出基质方便的进、出料口，并使其密封。留有一小孔插入耐高温温度计，以观察基质内温度。

（2）基质搅拌机　购买或自配的育苗基质在被送往送料机、装盘机之前，一般要用搅拌机重新搅拌，一是避免原基质中各成分不均匀，二是防止因基质在储运过程中结块而影响装盘质量。如果基质过于干燥，还应加水进行调节，使搅拌更加均匀。

11. 播种设备主要包括哪些？

（1）小型针式播种机　如图 2-30 所示。

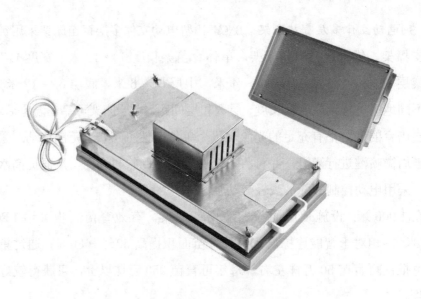

图2-30　小型针式播种机

（2）育苗穴盘传输机　如图2-31所示。

图2-31　育苗穴盘传输机

（3）送料与基质装盘机　如图2-32所示。

图2-32　送料与基质装盘机

（4）压穴、精播机　如图2-33、图2-34所示。

图2-33　压穴机

图2-34 精播机

（5）穴盘覆盖机、覆土刮平机 如图2-35、图2-36所示。

图2-35 穴盘覆盖机

图2-36 覆土刮平机

（6）喷淋机 如图2-37所示。

图2-37 喷淋机

（7）ZXB-400型精量播种生产线 该生产线包括基质筛选、基质搅拌、基质提升、基质填充、基质镇压、精量播种、穴盘覆土、基质刷平和喷水等作业过程。该生产线可对72穴、128穴、288穴和392穴等规格的标准穴盘进行精量播种，播种精度高于95％，该机可播种粒径为4～4.5毫米的丸化大粒种子和2毫米左右的小粒种子或自然圆形种子，其净工作时间生产效率为8.8

盘 / 分。

　　滚筒式播种装置可播种大多数园艺作物种子，适用于大型育苗场，播种速度可达 500 ～ 1 200 盘 / 时。可对穴盘和平盘进行播种，也可对装在平底托盘上的营养钵播种；通过更换滚筒可实现对不同种子和穴盘播种；对于某些发芽率较低的种子，还可选用双粒、三粒或多粒播种。

　　（8）2BSP-360 型园艺作物精量播种生产线　　该生产线主要由机架、基质填充装置、播种装置、喷水装置、传动装置及辅助设备六部分组成。其工作过程为：当穴盘通过基质填充装置下方时，填充装置通过输送带均匀地向穴盘穴内填充基质，接着在喷水装置下方进行喷水作业；喷水装置的水泵从机架旁边的水箱中抽水，水通过管道进入喷水管，喷水装置将水以水帘的形式喷射到穴盘内；随着穴盘的前进，水渗入基质内，当穴盘到达播种装置下方时，喷淋到基质表面的水已渗入基质下层，随后播种和覆土装置依次进行精量播种和覆土作业；最后采用人工方式将穴盘放到运苗车上，送至温室。

　　（9）日本 YVMP130 型精量播种生产线　　该生产线可自动完成穴盘供给、基质填充、播种、覆土和喷水等作业，适用于丸化的园艺作物种子和裸种子。可实现精量播种，穴盘每穴可播种 1 粒或 2 粒种子。生产线工作过程为：穴盘供给装置定时分发穴盘，穴盘被传送带运送到基质填充装置下方，基质均匀地铺撒到穴盘的穴内，穴盘上多余的基质由摆动的刮板刮掉，并由基质回收装置回收；基质填充完毕后，喷水装置将基质浇匀浇透；接着基质镇压装置对穴盘的穴内基质进行压实作业，目的是在穴内压出浅坑，使种子落入其中，利于后期种子出芽整齐，便于管理；然后进行播种，播种装置采用真空针式播种装置作业，可根据种子大小和形状，更换不同孔径型号的针式吸嘴，每完成一次播种，对吸嘴加高压清洗，播种完毕，覆土装置在穴盘上盖上薄薄一层蛭石，然后再进行喷水工作。

12. 嫁接设备主要包括哪些？

　　（1）中国产 2JC-350 插接式嫁接机　　该机为半自动嫁接机，以瓜类园艺作物（黄瓜、西瓜和甜瓜）为嫁接对象。2JC-350 型插接式嫁接机具有作业简便、成活率高等优点，不需要夹持物，由人工劈削砧木、接穗苗和卸取嫁接苗。

（2）韩国靠接嫁接机　该机为半自动式嫁接机，最高生产率为310株／时，嫁接成功率为90％，由于结构简单、操作方便、成本低廉，在韩国、日本和我国都有一定的销量，适于西瓜、甜瓜、黄瓜等瓜类园艺作物苗的半机械化作业。

（3）日本自动套管式嫁接机　该机生产率可达600株／时，嫁接成功率为98％（图2-38）。

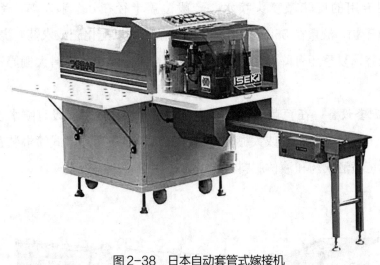

图2-38　日本自动套管式嫁接机

（4）TJ-800自动嫁接机　该机采用贴接法进行嫁接作业，适用于瓜、茄类作物（西瓜、黄瓜、甜瓜、茄子、辣椒、番茄等）嫁接，生产效率可达800株／时，是人工作业的6～7倍，嫁接成功率可达95％（图2-39）。

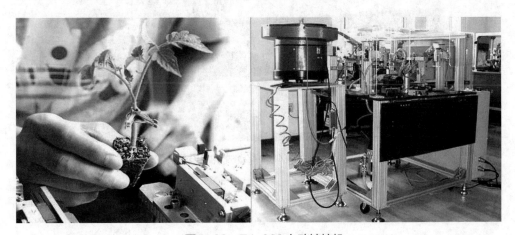

图2-39　TJ-800自动嫁接机

13. 苗期水肥管理设备主要包括哪些？

（1）施肥与喷药系统　主要包括水压表、调节阀、电动机、储肥（药）箱及微管等。

在日光温室、塑料大棚等育苗设施中应用浇水设备，最基本的要具备保证不能堵塞滴头、喷头、渗管的水过滤器及能方便追肥的施肥装置。

采用专用的旋转微喷头喷水，一般覆盖半径在 0.5 米左右，系统压力 50～150 千帕，流量在 55 升 / 时以下。在水中可以配化肥或农药，浇水均匀，覆盖性能好，夏季还有降温的作用，特别适合日光温室、塑料大棚等育苗设施使用。

（2）配套设备　在育苗的绿化室或幼苗培育设施内，应设有喷水设备或浇灌系统，工厂化育苗温室或大棚内的喷水系统一般采用行走式喷淋装置，既可喷水，又可喷洒农药和液体肥料（图 2-40、图 2-41）。

图 2-40　移动式浇水设备

图2-41 固定式喷水系统

14. 施药设施装备主要包括哪些？

　　（1）移动式精准施肥喷药一体机　如图2-42所示。

图2-42 移动式精准施肥喷药一体机

（2）弥雾喷药装置　如图 2-43 所示。

图 2-43　弥雾喷药装置

15. 整地机械主要包括哪些？

（1）旋耕机　如图 2-44 所示。

图 2-44　旋耕机

（2）自走式多用微耕机　如图2-45所示。

图2-45　自走式多用微耕机

（3）手推式多用微耕机　如图2-46所示。

图2-46　手推式多用微耕机

（4）地膜覆盖机　如图 2-47 所示。

图 2-47　地膜覆盖机

16. 定植机械主要包括哪些?

穴盘苗移栽机　如图 2-48 所示。

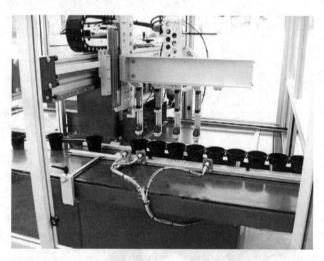

图 2-48　穴盘苗移栽机

17. 水肥一体化设备主要包括哪些?

水肥一体化设备　如图 2-49 所示。

图2-49 水肥一体化设备

18. 植保无人机主要包括哪些类型？

根据动力不同，植保无人机可以分为电动无人机、油动无人机以及油电混动无人机3种类型（图2-50）。

图2-50 植保无人机

三、适于轻简化种植的甜瓜优良品种

1. 厚皮甜瓜优良品种主要有哪些?

（1）博洋 S6　天津德瑞特种业有限公司育成，河南省庆发种业有限公司推广。中晚熟品种，果实发育期 35 ～ 38 天，全生育期 110 天。果实圆形，果面光滑平整，果皮金黄泛红，转色早，着色深，果肉白色，脆软多汁，肉厚腔小。成熟后折光含糖量可达 15%～17%，平均单果重 1 800 克，丰产性好。香味纯正，品质优良且十分稳定。成熟后不落蒂，极耐储运，适宜河南、山东、河北、安徽等地日光温室、春秋季大棚栽培（图 3-1）。

图 3-1　博洋 S6

（2）福祺翠蜜天宝　河南省庆发种业有限公司育成。晚熟品种，果实从开花到成熟50天，全生育期110天左右。果实椭圆形，果皮底色灰绿，上覆白色细密网纹，外形美观，不易裂果。果肉橘红，肉质酥脆、香甜可口，中心含糖量15.6%～18%，品质极佳，耐储运。平均单果重2 000克，亩产可达4 000千克。植株长势强健，抗枯萎病。适宜河南、山东、河北、安徽等地日光温室、春秋季大棚栽培。

（3）福祺宝玉　河南省庆发种业有限公司育成。中早熟品种，果实发育期33天，春季栽培全生育期95天。果实高圆形，幼瓜浅绿色，成熟后乳白色，果面光滑，果肉浅绿色，厚4厘米，腔小，中心含糖量15%～17%。单瓜重1 500～2 000克，亩产可达4 000千克。幼苗健壮，生长势中等，抗病、耐湿性强。雌花一般在侧蔓前2节发生，易坐果，整齐度好。瓜成熟不落蒂，货架期长，瓜皮硬，耐储运。适宜河南、山东、河北、安徽等地日光温室、春秋季大棚栽培。

（4）福祺翠蜜天香　河南省庆发种业有限公司育成。晚熟品种，果实从开花到成熟50天，全生育期110天。果实椭圆形，灰绿皮上覆全网纹，外观美。肉色橘红，质地脆甜，中心含糖量16%～18%，平均单果重2 000克。抗病性强，不易裂果，耐储运。适宜河南、山东、河北、安徽等地日光温室、春秋季大棚栽培。

（5）天蜜2号　河南省庆发种业有限公司育成。中早熟品种，果实自开花至成熟33天，全生育期95天。果实圆形，果皮黄色艳丽，果肉红色，肉厚3厘米，可溶性固形物含量16%，高者可达18%，果肉松脆可口。单果重800～1 100克。该品种适应性广，易坐果，易栽培，是大棚保护地种植最具潜力的优良品种。适宜河南、山东、河北、安徽等地日光温室、春秋季大棚栽培。

（6）天蜜3号　河南省庆发种业有限公司育成。中早熟品种，果实自开花至成熟33天，全生育期95天。果实圆形，果皮黄白色，果肉白色，口感细腻，可溶性固形物含量16%，单果重800～1 000克，亩产2 000～3 000千克。该品种适应性广，抗病性强，适宜河南、山东、河北、安徽等地日光温室、春秋季大棚栽培。

（7）一品红　中国农业科学院郑州果树研究所育成。中晚熟品种，果实发育期30～38天，全生育期105天。果实高圆形，果皮黄色，光皮，偶有稀网纹，果肉橙红色，腔小，果肉厚 4 厘米以上，可溶性固形物含量 13.5%～17%，有哈密瓜风味。单果重 1 500～2 500 克，果实成熟后不易落蒂。耐储运，货架期长，常温下存放 15 天外观与品质不变。土壤肥力较高时其品质和产量能得到充分表现。适宜华北地区日光温室和大棚栽培。

（8）中甜二号　中国农业科学院郑州果树研究所育成。中晚熟品种，果实发育期 37～42 天，全生育期 110 天。果实椭圆形，果皮光亮金黄，果肉浅红色，肉厚 3.1～3.4 厘米，肉质松脆爽口，香味浓郁，可溶性固形物含量 14%～17%，单果重 1 500 克左右，耐储运，抗病性强，坐果整齐一致。适宜华北地区日光温室和大棚栽培。

（9）众天雪红　中国农业科学院郑州果树研究所育成。早熟品种，果实发育期 32 天左右，全生育期 90～100 天。果实为椭圆形，果皮晶莹细白，成熟后蒂部白里透粉，不落蒂，果肉红色，成熟标志明显，不易导致生瓜上市。肉厚 4 厘米以上，口感松脆甜美，可溶性固形物含量 14%～16%，单果重 1 500～2 300 克，耐储运。适宜华北地区日光温室和大棚栽培。

（10）网络时代　中国农业科学院郑州果树研究所育成。晚熟品种，果实发育期 40 天左右，全生育期 110～115 天。果实高圆形，果皮深灰绿色，上网早，网纹细密美观，果肉绿色，腔小，肉厚 4 厘米以上，可溶性固形物含量在 15% 以上，口感好，有清香味。单果重 1 500～2 300 克，不落蒂，货架期长。适宜西北地区露地及保护地栽培。

（11）新疆黄蛋子　20 世纪 30 年代从苏联引进的品种。早熟品种，果实发育期 33 天，全生育期 75～85 天。果实近圆形，果皮金黄色，果肉白或淡绿色，肉厚 3 厘米，肉质沙软，浓香，可溶性固形物含量在 14% 以上，单果重 750 克，易落蒂。适应性较广，西北地区均可栽培。

（12）甘肃铁蛋子　产于苏联，各地多从新疆引入。晚熟品种，果实发育期 45 天，全生育期 100 天。果实扁圆形，果皮绿色，成熟后转黄，近脐部及蒂部有细裂纹，果肉淡绿色近白色，肉厚 2.4 厘米，肉质软，清香，可溶性固形物含量在 13%～14%，单果重 500 克。适宜甘肃省酒泉地区栽培。

（13）河套蜜瓜　产于内蒙古河套地区，系中华人民共和国成立初期由兰州引入，后经多年杂交培育而成的地方品种。晚熟品种，果实发育期 47 天，全生育期 100 天左右。果实卵圆形，果皮橙黄色，果面光滑，果肉淡绿色，适期成熟时肉质细而酥，可溶性固形物含量在 14% 以上，单果重 750 克。果肉浓香、甘甜、爽口。不耐储运。抗枯萎病，不抗炭疽病。适宜内蒙古河套地区栽培。

（14）黄醉仙　新疆农业科学院园艺作物研究所与新疆葡萄瓜果开发研究中心选育。中熟品种，果实发育期 35 天，全生育期 95 天。果实圆形或高圆形，果面金黄色，网纹细密。果肉浅绿色，肉厚 3.5 厘米，肉质细软，汁液丰富，浓香宜人。可溶性固形物含量 15% 左右，单果重 1 500 克。易坐果，单株结果 2～3个，一般亩产 2 500～3 000 千克。适宜新疆吐鲁番、鄯善、昌吉、呼图壁等地种植。

（15）新黄醉仙　新疆农业科学院园艺作物研究所与新疆葡萄瓜果开发研究中心选育。晚熟品种，果实发育期 37 天，全生育期 75 天。果实圆形，网纹较密，不落蒂，单果重 1 500 克。肉质细稍软，浓香，品质好。适宜新疆地区种植。

（16）早醉仙　新疆农业科学院哈密瓜研究中心选育。早熟品种，果实发育期约 30 天，全生育期 63 天。果实卵圆形，转色快，皮色为黄底上覆有绿斑。白肉，肉质细软，汁多浓香，可溶性固形物含量在 15% 以上，单果重 1 500 克。口感好。适宜新疆地区种植。

（17）大暑白兰瓜　中华人民共和国成立初期从美国引入兰州。晚熟品种，果实发育期 45～50 天，在兰州全生育期 120 天。果实圆形，果面洁白光滑，成熟后阴面呈乳白色，阳面微黄，顶部与脐部略凸起，果肉绿色，肉厚 3～4厘米，肉质软，汁液丰富，清香味美，可溶性固形物含量 14%，平均单果重1 500 克。耐储运，品质上乘。适宜甘肃兰州地区栽培。

（18）黄河蜜　甘肃农业大学瓜类研究所选育。中晚熟品种，果实发育期35～40 天，全生育期 120 天。果实圆形或长圆形，果皮金黄色，光滑。果肉绿色或黄白色。肉质较紧，汁液中等，可溶性固形物含量 14.5%～18%，平均单果重 2 100 克。适宜甘肃瓜区及宁夏、内蒙古等地推广种植。

（19）新皇后　新疆葡萄瓜果开发研究中心育成。中熟品种，果实发育期 35天左右，全生育期 85～100 天。果实椭圆形，皮金黄色，全网纹。果肉橘红色，品质好，具果酸味，可溶性固形物含量 15%。单果重 3 000 克，最大达 5 000 克。一般在三蔓第四至第十节着生第一雌花。适宜西北地区露地及保护地栽培。

（20）新密杂 7 号　新疆农业科学院园艺作物研究所育成。晚熟品种，果实发育期 55 天，全生育期约 115 天。果实卵圆形或长椭圆形，果蒂不脱落。

果面黄绿色，覆有深绿色条斑，网纹中粗，密布全果。果肉橘红色，肉厚4厘米，肉质松脆多汁，可溶性固形物含量13%，品质中上，平均单果重3 500克。皮质较硬，耐储运。适期采收，在常温下可存放1个月，9月下旬采收可作冬储。适应性好，产量高，一般亩产在3 000千克以上。适宜在新疆的哈密及北疆地区种植。

（21）新红心脆　　新疆农业科学院园艺作物研究所育成。晚熟品种，果实发育期43天，全生育期85天。果实长卵形，外观似红心脆，网纹细、密、全，肉色呈浅橘红色，肉质松脆，中心可溶性固形物含量15%，单果重2 500克。适宜新疆及西北地区露地栽培。

（22）黄皮9818　　新疆农业科学院哈密瓜研究中心选育。晚熟品种，果实发育期45天，全生育期80天。黄皮，全网纹，果肉橘红色，肉质细脆、稍紧，中心可溶性固形物含量16%以上，抗病性较强。适宜新疆及西北地区露地栽培。

（23）绿皮9818　　新疆农业科学院哈密瓜研究中心选育。晚熟品种，果实发育期47天，全生育期85天。灰绿皮，全网纹，果肉橘红色，肉质细脆、稍软，中心可溶性固形物含量在16%以上，抗病性强。适宜新疆及西北地区露地栽培。

（24）卡拉克赛　　新疆昌吉市新科种子有限责任公司选育。晚熟品种，果实发育期55～60天，全生育期120～130天。果实长椭圆形，正宗品种果面黑绿色，亮而光，无网纹。现在分离出有网纹品种，果面灰绿色，全网纹。果皮薄而坚韧，果肉橘红色，肉厚4.5厘米，肉质细脆，松紧适中，清甜爽口，汁液中等，可溶性固形物含量13%～14%，风味上乘。果形指数1.6，单果重5 600克，亩产4 000千克以上。极耐储运，适宜新疆各地种植。

2. 薄皮甜瓜优良品种主要有哪些？

（1）福祺羊角酥　　河南省庆发种业有限公司育成。中熟品种，羊角脆系列，果实发育期35天左右，全生育期95天。果实长锥形，一端大，一端稍细而尖，似羊角，故名羊角酥。果皮灰绿，肉色淡绿，肉厚2厘米，含糖量11.7%，质地松脆，汁多清甜，品质优。单果重600克，亩产3 000千克以上。植株长势强，子蔓结果，雌花密。适宜河南、山东、河北、安徽等地早春日光温室、春秋季大棚栽培。

（2）博洋9　天津德瑞特种业有限公司育成，河南省庆发种业有限公司推广。中熟品种，羊角脆系列，果实发育期35天左右，全生育期95天。果实粗棒状，灰白色绿斑条，花纹清晰，中大型果，外观新颖独特。果长18～20厘米，果肉厚，种腔小。果肉黄绿色，口感脆酥，成熟后折光含糖量可达12%～14%，风味好。单果重500～900克。植株生长势强，中抗霜霉病、白粉病和枯萎病。坐果能力强，商品果率高。适宜河南、山东、河北、安徽等地早春日光温室、春秋季大棚栽培（图3-2）。

图3-2　博洋9

（3）博洋91　天津德瑞特种业有限公司育成，河南省庆发种业有限公司推广。中熟品种，羊角脆系列，果实发育期35天左右，全生育期95天。果实粗棒状，成熟后呈黄皮绿斑条，花纹清晰，中大型果，外观新颖独特。果长18～20厘米，果肉厚，种腔小。果肉黄绿色，橘色果瓤，口感脆酥，成熟后折光含糖量可达14%～17%，风味好。单果重500～900克。植株生长势强，中抗霜霉病、白粉病和枯萎病。叶片大小中等，叶色深绿，茎蔓粗壮。坐果能力强，商品果率高。适宜河南、山东、河北、安徽等地早春日光温室、春秋季大棚栽培（图3-3）。

图3-3　博洋91

（4）博洋8　天津德瑞特种业有限公司育成，河南省庆发种业有限公司推广。晚熟品种，羊角脆系列，果实发育期40天左右，全生育期110天。果实短棒状，纵径16～19厘米，果皮墨绿色有光泽，种腔小，果肉绿色，口感极其脆酥，香甜可口。成熟后折光含糖量可达14%～16%，风味佳。单果重600～900克。植株生长势强，中抗霜霉病、白粉病和枯萎病。叶片大小中等，叶色深绿，茎蔓粗壮。单株结果3～5个，坐果能力强，商品果率高。适宜河南、山东、河北、安徽等地早春日光温室、春秋季大棚栽培（图3-4）。

图3-4　博洋8

（5）博洋71　天津德瑞特种业有限公司育成，河南省庆发种业有限公司推广。中熟品种，羊角脆系列，果实发育期35天左右，全生育期95天。果实棒状，匀称，果长15～18厘米，果皮灰白绿色，带有绿肩。种腔小，果肉黄绿色，口感极其脆酥，香甜可口。成熟后折光含糖量可达14%～16%，风味佳。单瓜重500～750克。植株生长势强，中抗霜霉病、白粉病和枯萎病，适应性强。叶片大小中等，叶色深绿，茎蔓粗壮。适宜河南、山东、河北、安徽等地早春日光温室、春秋季大棚栽培（图3-5）。

图3-5　博洋71

（6）博洋6　天津德瑞特种业有限公司育成，河南省庆发种业有限公司推广。早熟品种，羊角脆系列，果实发育期30天左右，全生育期90天。果实棒状，较普通羊角脆把短粗，果形更匀称。果皮通体灰白色，外观漂亮。果长20～24厘米，种腔小，果肉黄绿色，口感脆酥，成熟后折光含糖量可达13%左右，较普通羊角脆品种上糖早，风味好。单果重400～600克。植株生长势强，中抗霜霉病、白粉病和枯萎病。叶片大小中等，叶色深绿，茎蔓粗壮。坐果能力强，商品果率高。适宜河南、山东、河北、安徽等地早春日光温室、春秋季大棚栽培（图3-6）。

图3-6　博洋6

（7）博洋61　天津德瑞特种业有限公司育成，河南省庆发种业有限公司推广。中熟品种，羊角脆系列，果实发育期35天左右，全生育期95天。果实近棒状，较普通羊角脆品种把短粗，果形更匀称，果皮灰白色。果长21～26厘米，种腔小，果肉黄绿色，口感脆酥，成熟后折光含糖量可达13%～16%，较普通羊角脆品种上糖早，风味好。单果重500～800克。植株生长势强，中抗霜霉病、白粉病和枯萎病。叶片大小中等，叶色深绿，茎蔓粗壮。坐果能力强，商品果率高。春季每茬留瓜2～3个。适宜河南、山东、河北、安徽等地早春日光温室、春秋季大棚栽培（图3-7）。

图3-7　博洋61

（8）博洋62　天津德瑞特种业有限公司育成，河南省庆发种业有限公司推广。中熟品种，羊角脆系列，果实发育期35天左右，全生育期100天。果实为近棒状，与普通羊角脆相比把粗，果形更匀称，果皮灰白色，有轻微绿肩，成熟充分时果面有黄晕。果肉黄绿色，黄瓤，肉质脆酥，口感极佳。折光含糖量12%～14%，单瓜重700～1 000克。植株生长势强，中抗霜霉病、白粉病和枯萎病。株型紧凑，叶片中等。瓜码密，坐果率高。单株坐果2～3个。适宜河南、山东、河北、安徽等地早春日光温室、春秋季大棚栽培。

（9）福祺清甜18　河南省庆发种业有限公司育成。极早熟品种，果实发育期23天，全生育期80天。果实阔梨形，果形端正，成熟瓜皮白色，果肉白色，果肉厚约2.5厘米，肉质细腻爽脆。单果重可达350～450克，皮薄且韧，耐储运，产量高，亩产可达6 000千克以上。耐低温弱光，适宜河南、山东、河北、安徽、江苏、湖北、湖南、广西等地保护地、露地栽培。

（10）福祺清甜20　河南省庆发种业有限公司育成。早熟品种，果实发育期25天，全生育期85天。果实矮梨形，成熟后顶部有黄晕，跟普通白瓜区别明显。品质好，皮薄肉脆，含糖量高，甜而不腻，清香爽口。产量高，单果重400～500克，亩产6000千克以上。外观美，瓜码密，易坐果，子蔓、孙蔓均可坐果，连续结果能力强。抗病性强，高抗各种叶部病害。适宜河南、山东、河北、安徽、江苏、湖北、湖南、广西等地保护地、露地栽培。

（11）福祺虞美人　河南省庆发种业有限公司育成。极早熟品种，果实发育期22天，全生育期80天。果实圆整，外观美，白皮白肉，口感好。标准单果重约500克，亩产可达4000千克以上。植株长势稳健，耐低温弱光，抗白粉病、霜霉病能力强，易管理，结果早，坐果率强。主蔓、子蔓、孙蔓均可结果，膨瓜快。适宜河南、山东、河北、安徽、江苏、湖北、湖南、广西等地保护地、露地栽培。

（12）博洋5-1　天津德瑞特种业有限公司育成，河南省庆发种业有限公司推广。中熟品种，果实发育期35天左右，全生育期85天。果实阔梨形，果面光滑无棱沟、深绿色，果肉翠绿、肉厚、质地脆酥香甜，口感风味极佳，成熟后的果实中心含糖量可达16%～18%。单果重500～800克。植株生长健壮，抗逆性及抗病性强。子蔓、孙蔓均可结瓜。单株可坐果5～8个，不易裂果、耐运输。适宜河南、山东、河北、安徽、江苏、湖北、湖南、广西等地保护地、露地栽培（图3-8）。

图3-8　博洋5-1

（13）博洋10号　天津德瑞特种业有限公司育成，河南省庆发种业有限公司推广。中熟品种，果实发育期35天左右，全生育期100天。果实苹果形，果皮为黄绿色花皮，花纹清晰，果肉白绿色，肉质脆，口感极佳，折光含糖量14%～16%，单果重600克左右。植株长势强，中抗霜霉病、白粉病和枯萎病，株型紧凑，叶片中等，茎蔓粗壮。子蔓、孙蔓均可结果，瓜码密。坐果率高，单株坐果3～5个。适宜河南、山东、河北、安徽、江苏、湖北、湖南、广西等地保护地、露地栽培（图3-9）。

图3-9　博洋10号

（14）福祺青玉3号　河南省庆发种业有限公司育成。早熟品种，果实发育期28天左右，全生育期85天。果实苹果形，果皮深绿色，果面光滑，果肉翠绿，肉质松脆爽口，香味浓郁，含糖量18%左右。一般单果重400～500克，亩产3 000千克左右。抗病性好，不易裂果，耐热耐湿。适宜河南、山东、河北、安徽、江苏、湖北、湖南、广西等地保护地、露地栽培。

（15）福祺青玉1号　河南省庆发种业有限公司育成。早熟品种，果实发育期25天，全生育期85天。果形似苹果，成熟果呈黄绿色，果肉青翠，质地酥脆，果味清香，皮薄，味甜。可溶性固形物含量15%，单果重一般500克左右，大果可达 750 克以上，一般亩产 3 000 千克左右。产量高，结果早，易管理，九成熟采摘风味最佳。适宜河南、山东、河北、安徽、江苏、湖北、湖南、广西等地露地栽培。

（16）福祺青玉 2 号　河南省庆发种业有限公司育成。早熟品种，果实发育期 25 天，全生育期 85 天。果形似苹果，成熟果呈黄绿色，果肉青翠，质地酥脆，口感极佳。可溶性固形物含量 16％，标准单果重 500 ～ 550 克，一般亩产 3 000 千克左右。该品种植株生长稳健，根系发达，茎粗壮，抗病性强，既早熟又丰产，适应性广。九成熟采摘风味最佳。适宜河南、山东、河北、安徽、江苏、湖北、湖南、广西等地保护地、露地栽培。

（17）福祺清甜 1 号　河南省庆发种业有限公司育成。早熟品种，果实发育期 25 天，全生育期 85 天。果实梨形，果皮白色，完全成熟时稍有浅黄，外观美，肉厚，腔小，质地酥脆，口感极佳。可溶性固形物含量 13％左右，单果重 500 克左右，子蔓、孙蔓均可结果，单株结果 4 ～ 6 个，亩产量可达 3 000 千克以上。植株生长势中等，易坐果，抗白粉病及霜霉病。适宜河南、山东、河北、安徽、江苏、湖北、湖南、广西等地保护地、露地栽培。

（18）福祺清甜 2 号　河南省庆发种业有限公司育成。早熟品种，果实发育期 25 天，全生育期 85 天。果实梨形，果皮雪白，果肉白色。可溶性固形物含量 13％，单果重 500 克左右，大果可达 750 克以上，亩产可达 4 000 千克。该品种抗病能力强，易管理。既能早熟又可丰产。主蔓、子蔓、孙蔓均可结果，九成熟采摘风味最佳。适宜河南、山东、河北、安徽、江苏、湖北、湖南、广西等地保护地、露地栽培。

（19）福祺清甜 3 号　河南省庆发种业有限公司育成。早熟品种，果实发育期 25 天，全生育期 85 天。果实梨形，大小整齐一致。白皮成熟后稍有黄晕，果面光滑，外观鲜艳。果肉白色，肉厚腔小，含糖量可达 16％，标准单果重 350 ～ 400 克，亩产在 3 000 千克以上。植株生长稳健，根系发达，茎粗壮，抗病性强。子蔓、孙蔓均可结果，每株可结 4 ～ 5 个果。耐储运，适合长途运输及超市存放。适宜河南、山东、河北、安徽、江苏、湖北、湖南、广西等地保护地、露地栽培。

（20）超甜白玉 1 号　河南省庆发种业有限公司育成。早熟品种，果实发育期 25 天，全生育期 80 天。果实圆形，果皮白色，白瓤白籽，质脆爽口，味香甜。可溶性固形物含量14%，单果重500克，亩产量可达3000千克左右。生长势中等，易坐果，抗白粉病和霜霉病，子蔓、孙蔓均可结果，单株结果4～6个。适宜河南、山东、河北、安徽、江苏、湖北、湖南、广西等地露地栽培。

（21）超甜白玉2号　河南省庆发种业有限公司育成。早熟品种，果实发育期30天，全生育期80天。果实圆形，果皮白色，外观美丽。可溶性固形物含量13%左右，平均单果重750克，亩产量可达3500千克左右。植株生长势中等，易坐果，抗白粉病和霜霉病。子蔓、孙蔓均可结果，单株结果3～5个。适宜河南、山东、河北、安徽、江苏、湖北、湖南、广西等地露地栽培。

（22）齐甜一号　黑龙江省齐齐哈尔市蔬菜研究所育成。早熟品种，果实发育期28天，生育期85天。果实长梨形，幼果绿色，成熟时转为绿白色或黄白色，果面有浅沟，果蒂不脱落，果肉绿白色，瓤为浅粉色，肉厚1.9厘米，质地脆甜，浓香适口，含糖量为13.5%，高者可达16%，品质佳。单果重300克左右，每亩产量在1500～2000千克。主要栽培地区在东北三省。

（23）白沙蜜　黑龙江省地方品种。中早熟品种，果实发育期28天左右，生育期80～85天。果实长卵形，顶部大而平，果皮黄绿底，覆深绿色斑块或条带，果面有10条白绿色浅纵沟。果肉白色，肉厚2.0厘米，七八成熟时质脆味甜，含糖量在12%以上，品质好，耐运输。果实完全成熟时，果肉发软变面，味淡，不耐运输。单果重500～600克，大者可达1750克。一株结果1～2个，每亩产量在2000千克左右。适宜在东北、华北地区栽培。

（24）华南108　广东省广州市果蔬研究所育成。中熟品种，果实发育期35天左右，全生育期90天。果实圆形，果皮绿白色，成熟时呈黄白色，果肉绿色，质软多汁，味极甜。含糖量为14%，最高达17%。平均单果重500克。植株生长势强，子蔓结果。适宜华南、华北地区种植。

3. 薄皮型厚皮甜瓜优良品种主要有哪些？

（1）福祺天甜3号　河南省庆发种业有限公司育成。早熟品种，果实发育期26天左右，全生育期85天。果实椭圆形，果皮绿色，果肉翠绿，肉厚3.5厘米左右，含糖量为16.8%。品质优，口感好，单果重1500克左右，丰产稳产，耐储运。高抗病，抗逆性强，适宜河南、山东、河北、安徽、江苏、湖北、湖南等地保护地、露地栽培。

（2）福祺翠玉　河南省庆发种业有限公司育成。中熟品种，果实发育期35天，全生育期95天。果实椭圆形，果皮亮白，果肉雪白，肉厚3.5厘米左右，含糖量为16%。品质优，单果重1 500～2 000克，丰产稳产，耐储运。高抗病，抗逆性强，适宜河南、山东、河北、安徽、江苏、湖北、湖南等地保护地、露地栽培。

（3）福祺天甜2号　河南省庆发种业有限公司育成。极早熟，果实发育期23天，全生育期85～88天。果实长椭圆形，果皮黄色，上有银白色纵沟，果肉白色，肉质细脆爽口，肉厚3.1厘米左右。可溶性固形物含量13.5%～15.5%，单果重1 500克左右，亩产在3 500千克以上。耐储运，适宜河南、山东、河北、安徽、江苏、湖北、湖南等地保护地、露地栽培。

4. 南瓜类砧木品种主要有哪些？

（1）京欣砧2号　国家蔬菜工程技术研究中心育成。印度南瓜和中国南瓜杂交而产生的白籽南瓜类型的西瓜、甜瓜砧木一代杂种，亲和力好，生长势强健，抗早衰，不易倒瓤。适于做保护地与露地栽培西瓜、甜瓜的砧木。

（2）JA-6　河南省庆发种业有限公司利用中国南瓜与西洋南瓜杂交而育成。该品种与大多数西瓜、甜瓜品种嫁接都没有发生不良反应，特别是在与甜瓜嫁接时，更表现出亲和力强、嫁接成活率高、抗枯萎病能力强等特点。可用作西瓜、甜瓜、黄瓜、西葫芦、瓠瓜、苦瓜、丝瓜早熟栽培砧木，但与一部分少籽西瓜、甜瓜品种进行嫁接时，需先做试验。

（3）福祺铁砧3号　由河南省庆发种业有限公司育成。植株生长健壮，杂种优势显著，具有抗寒、抗病、耐湿性强等特点，根系发达，与西瓜、甜瓜共生亲和力强，成活率高；高抗枯萎病，抗重茬，叶部病害也明显减轻。嫁接幼苗在低温下生长快，坐果早而稳。可以促进西瓜、甜瓜早熟和高产，适于做保护地与露地栽培西瓜、甜瓜的砧木。

（4）新土佐　引进种。新土佐是印度南瓜与中国南瓜的杂交一代种。现国内已培育出系列种。新土佐系南瓜做西瓜、甜瓜嫁接砧木，嫁接亲和力与共生亲和力好，幼苗低温下伸长性强，生长势强，抗枯萎病，能促进果实早熟，提高产量，对果实品质无明显不良影响。新土佐并非与所有西瓜、甜瓜品种都有良好亲和力，特别是与二倍体西瓜、甜瓜表现不亲和，所以应通过试验明确新土佐系做砧木亲和力以后才能推广应用。

（5）黑籽南瓜　原野生于中国云南原始森林中，现在日本也有，但抗病性不如中国黑籽南瓜。与西瓜、甜瓜进行嫁接换根栽培，能有效抗枯萎病，低温生长性和低温坐果性强，吸肥能力也很强。其与西瓜、甜瓜亲和力在品种间差异较大，若管理不善，有使西瓜、甜瓜果皮增厚、肉质增硬和可溶性固形物含量下降等不良影响。可用作西瓜、甜瓜、黄瓜的嫁接砧木。

（6）超丰七号　中国农业科学院郑州果树研究所在超丰 F1 的基础上改良选育的抗病葫芦杂交一代。其特点是嫁接亲和力强，高抗枯萎病，很少发生枯萎，对果实品质无不良影响。适于做保护地与露地栽培西瓜、甜瓜的砧木。

（7）铁砧 2 号　由河南省庆发种业有限公司育成。该砧木与西瓜、甜瓜嫁接亲和力好，共生性强，成活率高。嫁接后幼苗生长速度快而健壮，根系发达，吸水、吸肥能力强，耐低温、耐热，高抗枯萎病，与西瓜、甜瓜嫁接后，西瓜、甜瓜品质不会发生不良变化。

（8）相生　引进种。嫁接优良砧木。嫁接亲和力好，共生亲和力强，植株生长健壮，抗枯萎病；根系发达，较耐瘠薄，低温下生长性好，坐果稳定，果实大，对果实品质无不良影响。可用作西瓜、甜瓜、西葫芦、黄瓜的砧木。

（9）京欣砧 1 号　由中国蔬菜工程技术研究中心育成。瓠瓜与葫芦杂交的西瓜、甜瓜砧木一代杂种。嫁接亲和力好，共生亲和力强，成活率高。嫁接苗植株生长稳健，根系发达，吸肥力强。种子黄褐色，表面有裂刻，较其他砧木种子籽粒明显偏大，千粒重 150 克左右。种皮硬，发芽整齐，发芽势好，出苗壮，不易徒长，抗早衰，不易倒瓢。适于做保护地及露地栽培西瓜、甜瓜的砧木。

（10）超丰 8848　中国农业科学院郑州果树研究所选育的无籽西瓜、甜瓜专用砧木品种。生长势弱，嫁接的西瓜、甜瓜抗病、易坐果、品质好。该砧木适用于长势较强的西瓜、甜瓜品种嫁接。

5. 葫芦与瓠瓜杂交砧木品种主要有哪些？

（1）福祺铁砧 2 号　河南省庆发种业有限公司育成。该品种种子灰白色，种皮光滑，籽粒稍大，千粒重 125 克。植株生长势强。根系发达，杂种优势显著，与西瓜、甜瓜共生亲和力强，愈伤组织形成得快，成活率高。嫁接幼苗在低温下生长快，坐果早而稳。高抗枯萎病，抗重茬，叶部病害也明显减轻。适于做保护地及露地栽培西瓜、甜瓜的砧木。

（2）福祺铁砧 1 号　河南省庆发种业有限公司育成。该品种种皮皱褶较多，籽粒大，千粒重 182 克。植株生长势强，根系发达，杂种优势明显，与西瓜、甜瓜嫁接共生亲和力强，成活率高。嫁接植株根系发达，在低温下生长快，坐果早而稳。高抗枯萎病，叶部病害也明显减轻。后期不早衰，对西瓜、甜瓜品质无不良影响。适于做保护地及露地栽培西瓜、甜瓜的砧木。

四、壮苗的培育

1. 基质的常用配方有哪些?

基质常用配方有以下 5 种:

(1)蛭石或珍珠岩与草炭　按 1:2 或者 1:3 的比例混合,蛭石和珍珠岩良好的通透性与有机质含量丰富的草炭混合,是很好的育苗基质。

(2)草炭、细炉灰与细沙土　按照 6:2:2 的比例混合,炉灰与细沙的通透性结合有机质丰富的草炭,是良好的育苗基质。

(3)蛭石、草炭和食用菌废弃培养料　按照 1:1:1 的比例混合,此基质通透性好,保水保肥能力强,营养物质含量丰富。

(4)草炭、蛭石和炉灰(渣)　按照 3:3:4 的比例混合,此基质通透性好,营养较为丰富。

(5)其他常见配方　草炭与炉渣 4:6;向日葵秆粉与炉渣和锯末 5:2:3;沙子与锯末和向日葵秆粉 8:1:1;细沙、草炭、炉渣、锯末和向日葵秆粉 5:1.5:1.5:1:1,一般有机基质与无机基质的配比从(8:2)~(2:8)都可,范围很广。

2. 如何进行基质配制?

将消过毒的基质材料和肥料分层倒入搅拌机。最先倒入量大的草炭,调整基质含水量为 50%~70%,有利于使用前浇水。

搅拌时间太长会破坏蛭石等材料的颗粒结构,或者使基质颗粒细化出现板结现象;在基质装盘前,基质要过筛除去大颗粒,尽可能用大眼筛,避免过筛使基质质量下降。

为了防止基质变干和受污染,最好现混现用,用多少混合多少,混合过程应尽量保持清洁。

3. 如何进行基质消毒？

（1）蒸汽消毒　利用 80～95℃ 高温蒸汽通入基质中以达到杀灭病原菌的目的。消毒时将基质放在专门的消毒柜中，通过蒸汽管道加温，密闭 20～40 分，即可杀灭大多数病原菌和虫卵。在进行蒸汽消毒时要注意每次进行消毒的基质不可过多，以消毒柜总容量的 70% 为宜，否则可能造成基质内部有部分基质达不到要求的高温而降低消毒的效果。另外还要注意在进行蒸汽消毒时，基质不可过于潮湿，也不可太干燥，一般基质含水量以 35%～45% 为宜，过湿或过干都可能降低消毒的效果。蒸汽消毒的方法简便，但在大规模生产中消毒过程较麻烦。

（2）化学药剂消毒　该方法是利用化学药剂对一些病原菌和虫卵的杀灭作用进行基质消毒。一般而言，化学药剂消毒的效果不及蒸汽消毒的效果好，而且对操作人员有一定的伤害。但化学药剂消毒方法较为简便，特别是大规模生产上使用较方便而被广泛使用。

● 高锰酸钾消毒。用高锰酸钾进行惰性或易冲洗基质的消毒时，先配制好浓度约为 1∶5 000 的溶液，将要消毒的基质浸泡在溶液中 10～30 分，然后将高锰酸钾溶液排掉，用大量清水反复冲洗干净即可。高锰酸钾溶液也可用于穴盘等的消毒，消毒时也是先浸泡，然后用清水冲洗干净即可。用高锰酸钾浸泡消毒时要注意其浓度不可过高或过低，否则其消毒效果均不好。而且浸泡的时间也不要过久，否则会在消毒的物品上留下黑褐色的锰沉淀物，这些沉淀会逐渐溶解出来而影响幼苗生长。一般控制浸泡的时间不超过 60 分。

● 次氯酸钙消毒。次氯酸钙俗称漂白粉。用含有效氯 0.07% 的溶液浸泡需消毒的物品（无吸附能力或易用清水冲洗的基质或其他设备）4～5 小时，浸泡消毒后要用清水冲洗干净。次氯酸钙也可用于种子消毒，消毒浸泡时间不要超过 20 分。但不可用于具有较强吸附能力或难以用清水冲洗干净的基质上。次氯酸钠的消毒效果与次氯酸钙相似，但它的性质不稳定，一般可利用大电流电解饱和氯化钠的次氯酸钠发生器来制得次氯酸钠溶液，每次使用前现制现用，使用方法与次氯酸钙溶液消毒法相似。

4. 应购买多少种子？

甜瓜种子不同种类与不同品种之间，千粒重差别非常大。薄皮甜瓜种子的千粒重一般为 5～20 克，厚皮甜瓜种子的千粒重则为 20～80 克。播种量应根据种子的大小、栽培的密度以及种子发芽率等进行确定。按每亩土地定植 2 000 株幼苗来计算，如果种子发芽率可以达 90% 以上，加上 10% 的损耗，则每亩用种量在 2 400 粒左右。

5. 如何进行浸种与消毒？

（1）温汤浸种　在浸种容器内盛入 3 倍于种子体积的 55～60℃的温水，将种子倒入容器中并不断搅拌，使水温降至 30℃左右浸泡 3～4 小时。采用温汤浸种不仅使种子吸水快，同时还可以杀死种子表面的病菌，这是甜瓜生产中最常用的浸种消毒方法。

（2）干热处理　将干燥的甜瓜种子在 70℃的干热条件下处理 72 小时，然后浸种催芽。这种方法对种子内部的病菌和病毒也有良好的消毒效果，但要保证种子干燥，含水量高的种子进行干热处理，会降低种子的生活力。

（3）药剂消毒　是指利用各种药剂直接对种子进行消毒灭菌处理。0.2% 高锰酸钾溶液浸泡种子 20 分，捞出后用清水洗净，可以杀死种子表面的多种病菌；10% 磷酸三钠溶液浸种 20 分后洗净，可起到钝化病毒的作用；50% 多菌灵可湿性粉剂 500 倍液浸种 1 小时，可杀死附在种子表面的枯萎病病菌及炭疽病病菌等。

6. 常用的催芽方法有哪些?

（1）电热毯催芽　将浸好的种子用纱布袋装好，放在垫有塑料薄膜的电热毯上，上面先盖上塑料薄膜隔湿，再盖上棉被保温。

（2）催芽箱催芽　利用专用恒温箱进行催芽。将种子用湿布包住，置恒温箱中维持在30℃，每4小时翻动1次，直至种子出芽露白。此法温度可任意调节，且调整好后温度恒定，催芽效果好。

7. 如何确定播种期?

适宜的播种期对于甜瓜种植来说非常重要,如播种过早,由于外界温度低或茬口腾不出无法定植,苗龄长,根系易木栓化,形成小老苗,致使定植后僵苗不发。如播种过晚,不能最大限度地发挥其延长生育期的潜能而失去育苗的意义。

甜瓜播期的确定,是根据不同栽培茬次的适宜定植期及苗龄的长短向前进行推算得出的,即播种期为定植期减去苗龄。由于受外界气候条件以及生产效益最大化等因素的影响,不同栽培茬次适宜的定植期是基本确定的,所以播种期主要受苗龄长短的影响。而苗龄的长短主要由不同育苗设施,育苗所处的季节,育苗技术和品种特性等情况来确定。一般情况下,早春茬甜瓜的苗龄为30天(常规苗)至50天(嫁接苗);而夏秋季节进行甜瓜育苗,由于外界温度高、光照强,幼苗生长速度快,育苗苗龄较短,为10～20天;在冬季育苗时,如果设施性能好,同时又采用电热温床进行育苗,由于环境条件适宜幼苗生长,与普通苗床相比甜瓜幼苗生长发育速度快,育苗苗龄短。

8. 育苗期怎样进行合理浇水?

通常是根据基质含水量来进行浇水,一般幼苗生长较好的基质含水量为60%～80%。

温馨提示

幼苗缺水的形态指标:生长变慢、幼嫩叶凋萎、茎叶颜色变红。

9. 育苗期怎样科学施肥?

(1)看苗施肥 从播种到胚根出现的生长阶段,如果基质中含有初始养分则无须施肥。如果基质中初始养分含量很低或者没有,就要在种子萌发后立即施肥。可施用铵态氮肥,以含氮浓度25～50毫克／千克为宜,直到子叶完全展开。

从胚根出现到子叶完全展开的生长阶段，幼苗开始进行光合作用，一般施用铵态氮肥，每周应施用含氮浓度 50～75 毫克／千克的肥料 1～2 次。多浇水就要多施肥。

幼苗快速生长阶段，则需要更多的养分。根据浇水次数，把含氮浓度增加到 100～150 毫克／千克，每周施用 1～2 次。要避免铵态氮含量太高。同时应保持 pH 5.8～6.8，EC 值在 1 毫西门子／厘米左右。

在炼苗、移栽或运输前，环境温度需要低于 18℃，以限制生长的速度。这时应使用含氮为 100～150 毫克／千克的硝态氮肥料，因为硝态氮和钙含量高的肥料会使植物茎秆粗短健壮，根系发达。应使基质 pH 低于 6.5，EC 值＜1 毫西门子／厘米。在移栽前 3 天使养分 EC 值保持在 0.5～0.75 毫西门子／厘米，肥料中氮的含量可达 150～300 毫克／千克。

（2）看环境条件施肥

●温度。在低温环境下应减少肥料的用量。当基质温度高于 18℃时，幼苗对铵态氮的利用率提高，需要认真把握。如果铵态氮太多，将导致茎叶过度生长，而根系生长滞后。

●光照。冬季光照强度＜16 000 勒克斯，处于快速生长的幼苗会发生徒长，叶子大而软，根系生长比茎叶生长慢，施肥量和施肥次数应减少，要施用低铵态氮、高硝态氮并含钙的肥料。当光照强度＞26 000 勒克斯时，由于光合作用增强，需要施用铵态氮含量高的肥料，以满足幼苗快速生长的需要。

●湿度。当空气相对湿度上升时，幼苗趋于徒长，可通过提高育苗设施内的通风条件降低湿度、促进蒸腾作用，也可改用高钙、低钾、低铵态氮的肥料改善幼苗的生长状况。在湿度较低的环境下，钙的吸收最好，并能与钾平衡，根系与茎叶的生长也比较协调，同时也需要更多的铵态氮肥料，以满足幼苗生长的需要。

●基质含水量。如果浇水太多，水从穴盘底部流出，很多养分就会流失，则需要多施肥。在较干的基质中，透气性好，根系发达，但根系周围的盐分浓度会累积达 2～4 倍，因此要特别注意。

●环境条件的相互作用。如果天气将变冷、转阴，应选用浓度较低的铵态氮肥料；如果天气将转晴、转暖，可以用浓度较高的铵态氮肥料。

10. 嫁接用具及嫁接场地有何要求?

（1）切削工具　在嫁接时，由于目前市场上还没有供嫁接专用的切削工具，一般使用双面剃须刀片作切削工具来削切砧木和接穗。

（2）嫁接口固定物　固定接口最常用的固定物是塑料嫁接夹（图4-1）。

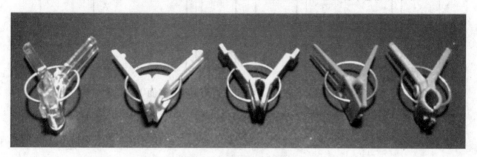

图4-1　塑料嫁接夹

（3）用具的消毒及去污　在广口瓶中放入75%酒精、棉球，供工作人员的手和刀片等消毒。

（4）嫁接场地要求

● 空气温湿度适宜。嫁接场地要求温度25～28℃、空气相对湿度95%以上，以防止接穗失水萎蔫，利于嫁接苗愈合后的成活生长。

● 无风。无风的环境，可加快切口愈合速度。

11. 砧木、接穗楔面的切削有何要求?

（1）角度　砧木楔面的角度为40°、接穗楔面的角度一般为30°较适宜，如图4-2所示。

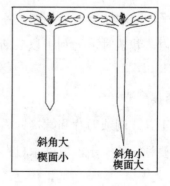

斜角合适　　斜角大楔面小　斜角小楔面大

图4-2　楔面角

（2）楔面平、先端齐　接穗的楔面先端只有平齐才能与砧木的切口紧密结合（图4-3）。

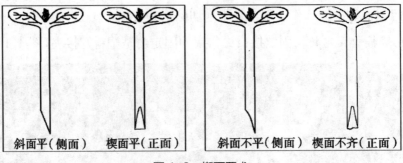

图4-3　楔面要求

12. 人工嫁接主要有哪些方法?

（1）靠接

● 砧木和接穗适宜大小。当接穗幼苗长到5～6片真叶，砧木长出7～8片真叶时，取2株大小粗细相近的幼苗进行嫁接。取苗时要把砧木苗和接穗苗按大小分类拔取，以方便嫁接操作。

● 嫁接方法。嫁接时取大小相近的砧木苗和接穗苗，把二者都拔出苗床备用。取1株砧木苗，先切去砧木的生长点，而后从5～6叶片处由上而下呈40°斜切一刀，深度为茎粗的1/3（切口深度不能超过茎粗的1/2，但也不可过浅，否则会影响嫁接成活率），下刀要掌握准、稳、狠、快的原则，一刀下去，不可拐弯和回刀，切好后，把砧木苗放于操作台上。而后立即拿起适宜的接穗苗，用同样的方法，在4～5片叶处由下而上呈30°斜切一刀，深度为茎粗的1/2，然后将两切口紧靠后用嫁接夹固定好，掌握嫁接夹的上口与砧木和接穗的切口持平，砧木处于夹子外侧，各工序操作完毕，要随即把嫁接苗栽于营养钵或苗床内，栽植时，为利于以后断根，砧木和接穗根系要自然分开1～2厘米。

（2）插接

● 嫁接工具。剃须刀片和嫁接针。

● 操作要领。第一步，取砧木（图4-4）。

图4-4　砧木苗

第二步，剔除砧木生长点（图4-5）。

图4-5　剔除砧木生长点

先用左手中指和无名指夹住砧木苗的下胚轴，食指从两子叶间的一侧顶住生长点，剔去砧木生长点。

第三步，插孔（图4-6）。

图4-6　插孔

用嫁接针在伤口处顺子叶连接方向向下斜插深 0.7～1 厘米的孔，不可插破下胚轴。

第四步，将砧木迅速稳放于操作台上，嫁接针先不要拔出。

第五步，削接穗（图 4-7）。

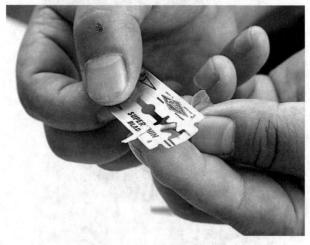

图 4-7　削接穗

第六步，插合（图 4-8）。

图 4-8　插合

拔出砧木上的嫁接针，将接穗插入砧木插孔内，并使砧木子叶与接穗子叶呈十字状，接穗下插要深，以增加愈合面积，提高成活率。

（3）贴接

● 嫁接工具。剃须刀片和嫁接针。

● 操作要领。砧木顶土待出时播接穗，待砧木破心正好接穗出苗时为嫁接适期。

第一步，处理砧木（图4-9）。嫁接时自砧木顶端呈30°削去1片子叶和刚破心的真叶。

图4-9　处理砧木

第二步，处理接穗。取接穗苗从子叶下留2厘米削成单面楔形，楔形长度与砧木接口长度相等（图4-10）。

图4-10　处理接穗

第三步，贴合固定。迅速使二者的切口贴合，用嫁接夹固定即可假植（图4-11）。

图4-11　贴合固定

（4）双断根嫁接

●嫁接时期的选择。当砧木长到1叶1心（1片真叶展开，第二片真叶露心），接穗子叶展开时（最好是第一片真叶露心时）即可嫁接。

●嫁接方式。同插接或贴接的相关内容。

●回栽。嫁接后要立即将嫁接苗保湿，尽快回栽到准备好的穴盘中。插入基质的深度为2厘米左右，回栽后适当按压基质，使嫁接苗与基质接触紧密，防止倒伏，并有利于生根。

13. 嫁接后应如何管理？

（1）嫁接后的环境要求

●温度。嫁接苗在适宜的温度下，有利于接口愈伤组织形成。瓜类嫁接苗愈合的适宜温度，白天为25～28℃，夜间则为18～22℃；温度过低或过高均不利于接口愈合，并影响成活。因此，在早春温度低的季节嫁接，育苗场所可配置电热线，用控温仪调节温度；也可配置火炕或火垄，用温度计测温，通过放风与关风或加热与否进行调温。在高温季节嫁接，要采取盖遮阳网、喷水等办法降低温度。在22～25℃气温条件下2～3天接口愈合，成活率95%；15℃低温持续10小时推迟1～2天愈合，成活率下降5%～10%；40℃以上高温持续4小时，推迟2天愈合，成活率降低在15%以上。伤口愈合后，可逐渐降温，转入正常管理。

●湿度。嫁接苗在愈伤组织形成之前，接穗的供水主要靠砧木与接穗间细胞的渗透，供水量很少，如果嫁接环境内的空气相对湿度低，容易引起接穗萎蔫，严重影响嫁接的成活率，因此保持湿度是嫁接成功的关键。在接口愈合之前，必须使空气相对湿度保持在90%以上。方法是：嫁接后扣上小拱棚，棚内充分浇水，盖严塑料薄膜，密闭3～4天，使小棚内空气相对湿度接近饱和状态，以小棚膜面布满水珠为宜。基本愈合后，在清晨、傍晚空气相对湿度较高时开始少量通风换气。以后逐渐增加通风时间与通风量，但仍应保持较高的湿度，每天中午清水喷雾1～2次。直至嫁接苗完全成活，转入正常的湿度管理。

● 光照。砧木的发根及砧木与接穗的融合、成活等均与光照条件关系密切。研究表明，在光照强度达5 000勒克斯、12小时长日照时成活率最高，嫁接苗生长健壮；在弱光条件下，日照时间越长越好。嫁接后短期内遮光实质上是为了防止高温和保持环境内的湿度，避免阳光直接照射秧苗，造成接穗的凋萎。遮光的方法是在塑料小拱棚外面覆盖草帘、纸被、报纸或不透光的塑料薄膜等遮盖物。嫁接后的前3～4天要全遮光，以后半遮光，逐渐在早、晚以散射光弱照射。随着愈合过程的进行，要不断增加光照时间，10天以后恢复到正常管理。若遇阴雨天可不遮光。注意遮光时间不能过长，也不能过度，否则会影响嫁接苗的生长。长时间得不到阳光的幼苗，植株因光合作用受影响、耗尽养分而死亡，所以应逐步增加光照。

● 二氧化碳。环境内施用二氧化碳可以使嫁接苗生长健壮，二氧化碳浓度达到1毫升／升时比0.3毫升／升的成活率提高15%，且接穗和砧木根的干物重随二氧化碳浓度的增加而大幅度提高。施用二氧化碳后，幼苗光合作用增强，可以促进嫁接部位组织的融合。关闭气孔还能起到抑制蒸腾防止萎蔫的效果。

（2）确保嫁接成功的诀窍

● 熟练嫁接技术。实践证明，嫁接苗的成活率，取决于砧木、接穗切口或插孔愈合速度的快慢。切口或插孔愈合速度的快慢，除受环境条件（温度、光照、气体、湿度）及砧木和接穗本身质量影响外，主要受嫁接工作者对砧木、接穗的切口（或插孔）的处理正确与否有关。对切口（或插孔）的处理包括：①砧木切口或插孔的位置是否合适。②接穗的楔形切削是否合适，特别是双面楔的切削是否处于水平位置。③靠接用的舌形楔的舌形是否顺直，楔面的宽度和长度是否到位等。这些都与嫁接工作者的技术熟练程度有关。

嫁接苗的成活过程，首先是接穗和砧木的切口或插孔（断面）的形成层相互密合过程，随着两者愈伤组织的产生与结合，进行细胞分裂、分化形成层联系在一起，接穗和砧木的维管束逐渐结合在一起，进而协调地上与地下各部相互输送营养，完全成活。

如果嫁接工作者不能正确处理砧木和接穗的切口或插孔及楔形的位置、深度及长度，或者砧、穗在接合过程中造成错位，都直接影响着嫁接苗的成活率。为此，要求嫁接工作者在进行嫁接苗生产前，一定要先进行嫁接熟练性锻炼。常用的措施是：在进行嫁接生产用苗前，可先播种一部分劣质或种价较低的砧木和接穗苗，以供练习。也可采集鲜嫩的树叶叶柄、甘薯叶柄等，或用近似于瓜菜下胚轴或幼茎的植物组织练习嫁接，待熟练后，再进行嫁接生产用苗的操作，要做到下刀准、快、稳，保证嫁接成活。

●综合运用多种嫁接手段。砧木和接穗从播种出苗至生长到适宜嫁接苗龄的时间里，无时无刻不在受着环境因素（水分、肥料、气体、温度、光照、土壤通透性等）的影响，管理稍有不慎，在生产中就会出现砧木与接穗苗龄不适宜嫁接的情况，具体表现在：①插接时砧穗粗细不配。②靠接时幼苗的高低不配。③贴接时苗龄不配。嫁接工作者大多只会一种嫁接方法，一旦出现砧穗嫁接苗龄不适的情况，便表现为束手无策，白白地扔掉许多苗子。因此，嫁接工作者一定要多掌握几种嫁接方法，在嫁接过程中，视接穗和砧木的单株幼苗生育状况，采用不同的嫁接方法。如砧粗穗细可采用插接法，砧细穗粗可采用贴接法；砧大穗小可采用插接法；砧小穗大可采用靠接法或芯长接法；砧低穗高可采用贴接法或劈接法；砧高穗低可采用直切法等。

（3）甜瓜苗嫁接失败后的补救

●清理砧木补育接穗。甜瓜嫁接后第五天，检查和清点嫁接未成活及不可能成活的嫁接苗数量，将不能成为有效嫁接苗的苗全部拣出。为方便补接，应将拣出的砧木苗按2片子叶正常、1片子叶正常、生长点严重伤残（下裂1厘米左右或呈较大孔洞，但至少保持1片子叶正常生长）分别集中，整齐排放，清除遗留在砧木上的废接穗，分类入畦。敞开小拱棚降温降湿，用70％甲基硫菌灵可湿性粉剂800倍液喷洒砧木苗，以防病菌侵染，促使砧木组织充实和伤口木栓化，以利提高补接成活率。

在检查嫁接成活率的同时，浸种催芽补接用的接穗种，其播种量可根据砧木未接活或可能未接活的1.5倍确定。用苗盘盛装已消毒的沙壤土或河沙作接穗苗床，1平方米播种 50～100 克。从浸种至种子80％左右露白，需1～1.5天，播种后保温保湿2～3天，幼苗露土后应将苗盘置于育苗棚室内近入口处，降温降湿炼苗1天，以利嫁接。

●补接方法。补接后的嫁接苗，主要从防病、保湿、遮光、通气、除萌、增光、揭膜、炼苗、取夹等方面加强管理，其环境条件的调控管理，与插接苗的常规培育基本相同，但必须注意及时抹除补接接穗易发生的气生根。

由于补接育苗期间的气温回升较快，加之砧木苗的组织结构较以前充实，韧性增强，因而补接的瓜苗比原接的愈合期短、生长快。补接苗达3叶1心生理苗龄时，一般比原嫁接瓜苗仅晚6～8天，比再播种砧木的嫁接苗要提早10～12天，成苗率可达90％左右。

14. 基质育苗苗期管理窍门有哪些？

由于基质的保水性相对较差，与有土育苗相比，浇水次数要相对频繁，特别在利用营养钵和穴盘进行育苗时，由于其容纳基质量较少，更要加大浇水次数，并且在播种前底水一定要浇透。

（1）低温季节育苗　冬春季节育苗时，播种后出苗前，要用地膜把营养钵（穴盘）覆盖，既保温又保湿，可以保证在种子出土前不浇水。

（2）高温季节育苗　在夏季高温季节育苗时，由于温度高，水分蒸发快，要小水勤浇，保持上层基质湿润，以利出苗，但是浇水量不可过大，防止种子腐烂。出苗后，要控制水量，防苗徒长。随着幼苗不断生长，要加大浇水量和次数，此时不能缺水，否则易形成老化苗。

（3）其他管理措施　子叶完全展开后需喷施配方1/3浓度的营养液，1天喷施1次，喷施营养液，要在10时前或16时后进行。当长出2片真叶后，施用配方1/2浓度的营养液，随着植株的生长，逐渐增加营养液浇灌次数，并提高营养液的浓度，到定植前后就可以按正常量浇施营养液。在低温季节浇灌营养液时，最好把温度控制在20～25℃，以免对地温造成影响。

15. 如何进行温度调节？

播种后至出苗前，苗床以保温为主，加强覆盖，不通风，白天气温控制在

28～32℃，夜间 17～20℃。出苗后适当降温，白天气温控制在 22～25℃，夜间 13～15℃。幼苗第一片真叶显露后，白天气温控制在 25～30℃，夜间 15～18℃，地温（基质温度）保持在 23～25℃，促进根系生长。定植前 7 天，夜间温度可逐渐降至 6～12℃进行低温炼苗。从种子播入到出土前要求床温较高，一般 30℃左右，以促进发芽出苗。温度低会使出苗时间延长，种子消耗养分过多，苗瘦弱变黄，降低抗性。为了提高地温，可在苗床下铺杂草、牛马粪、木屑等酿热物，也可铺地热线。出苗后降低温度，控制徒长，白天 22～25℃，夜间 18～22℃。定植前加强通风，逐渐降温到 20℃左右进行蹲苗，直至与外界气温一样。

保护地内保温的基础要有合理的建造结构，日光温室外夜间覆盖的草苫上加盖一层农膜；室内加一层或双层保温幕（聚乙烯、聚氯乙烯、无纺布等材料），白天敞开，夜间拉幕保温；多施农家肥可增加土壤蓄热保温能力；日光温室前挖掘防寒沟可提高室内地温；温室出入口设置工作间，减少人员出入热量的散失；掌握适当的通风时间，寒冷时减少通风量和通风次数，如在冬季和早春，当棚室内气温升到 30℃左右时，不要立即放风，而要维持一段时间以进一步提高地温。在温度调节时，一定要注意和其他因素的协调，如阴天时棚室内的温度并不高，但湿度较大，为了将湿度降下来，还是要适当放风。其调控措施主要包括保温、加温和降温 3 个方面。

（1）保温

●多层覆盖保温。可采用大棚内套小棚、小棚外套中棚、大棚两侧加草苫以及固定式双层大棚、大棚内加活动式的保温幕等多种多层覆盖方法，都有较明显的保温效果。

●降低温室高度。适当降低温室的高度缩小夜间保护设施的散热面积，有利提高设施内昼夜的气温和地温。

●增加温室的透光率。使用透光率高的玻璃或薄膜，正确选择保护设施方位和屋面坡度，尽量减少阴影面积，经常保持覆盖材料干洁。

（2）加温　炉灶煤火加温、锅炉水暖加温。

（3）降温

●遮光降温法。遮光 20%～30%时，室温相应可降低 4～6℃。

●屋面流水降温法。流水层可吸收投射到屋面的太阳辐射的 8%左右，并能用水吸热来冷却屋面，室温可降低 3 ~ 4℃。

●喷雾降温法。①细雾降温法。在室内高处喷以直径小于 0.05 毫米的浮游性细雾，用强制通风气流使细雾蒸发达到全室降温，喷雾适当时室内可均匀降温。②屋顶喷雾法。在整个屋顶外面不断喷雾湿润，使屋面下冷却了的空气向下对流。

●强制通风。大型连栋温室因其容积大，需强制通风降温。

16. 如何进行湿度调节？

（1）通风换气　一般采用自然通风，从调节风口大小、时间和位置，达到降低室内湿度的目的。由于通风量不易掌握，会导致室内降湿不均匀。在有条件时，可采用强制通风，可由风机功率和通风时间计算出通风量，而且便于控制。

（2）加湿　常用的加湿措施有：土壤浇水、喷雾加湿、湿帘加湿等。

17. 如何进行光照调节？

（1）光照调节

●改进温室结构、提高透光率。选择适宜的建筑场地及合理的建筑方位，根据设施生产的季节及当地的自然环境，如地理纬度、海拔高度、主要风向、周边环境（有否建筑物、地面平整与否）等来确定。

●设计合理的屋面坡度和长度。单屋面温室主要设计好后屋面仰角，前屋面与地面交角，后屋面长度，既保证透光率高也兼顾保温。调整屋面角要保证温室尽量多进光，还要防风、防雨（雪），使排雨（雪）水顺畅。

●合理的透明屋面形状。尽量采用拱圆形屋面，采光效果好。

●骨架材料。在确保温室结构牢固的前提下，尽量少用材、用细材，以减少遮阴挡光。

●选用透光率高的透明覆盖材料。覆盖材料以塑料薄膜为主，应选用防雾滴且持效期长、耐候性强、耐老化性强等优质多功能薄膜、漫反射节能膜、防尘膜、光转换膜。大型连栋温室，有条件的可选用 PC 板材。

（2）人工补光　可延长光照时间，增加光照度，补充自然光的不足。常用的光源有白炽灯、荧光灯、金属卤化物等，由于这种补光方式成本高，不便于大面积应用，一般仅在冬季和早春育苗时遇阴天而光照不足时使用。另外，为了抑制或促进花芽分化，调节开花期，也需要补充光照作为光合作用的能源，补充自然光的不足。

（3）科学遮光　遮光方法有如下几种：①覆盖各种遮阴物，如遮阳网、无纺布、苇帘、竹帘等。②玻璃面涂白，可遮光 50%～55%，降低室温 3.5～5℃。③屋面流水，可遮光 25%。

18. 如何进行气体调节？

因保护地的密闭性，临时加温或使用烟熏剂产生的二氧化硫、一氧化碳，施用化肥和未腐熟的有机肥分解产生的氨气、一氧化氮，塑料制品产生的乙烯、氯气、正丁酯、邻苯二甲酸二丁酯等有害气体会在保护地内积聚，如浓度过高，超过了植株的忍耐程度，就会使植株叶片出现斑状坏死、干枯，甚至整株死亡。所以保护地临时加温时，要注意密封管道，使用安全无毒的塑料薄膜等，防止有害气体积累。施用充分腐熟的农家肥，冬季和早春施用尿素、硝酸铵等不要撒施，要深施或施后浇水，排除有害气体可与通风排除湿气相结合。

保护地内的二氧化碳除了空气中固有的二氧化碳外，还有来自作物呼吸、土壤微生物活动、有机物分解产生的二氧化碳。一般夜间二氧化碳浓度升高，早上放风前达到最高浓度，到 11 时后会降至棚室外大气水平以下。若光照充足，二氧化碳缺乏会限制植株的光合作用，由于保护地的空气扩散慢，增施二氧化碳比露地效果明显。

19. 出苗障碍如何防控？

（1）种子催不出芽或出芽率低的原因　①种子无活力。②催芽方法不当。③种子的成熟度不一致。④温度不均匀。⑤药剂处理不当。⑥感病。⑦温度、湿度不适。

（2）预防措施

● 选用发芽率高的种子。

● 种子要进行严格消毒处理。

● 调节适宜的温度、湿度。

● 检查种子质量，如有问题要及时补种。

20. 出苗不齐如何防控？

（1）原因　①种子质量差或处理失误。②苗床处理不好。③地下害虫或老鼠危害。

（2）预防措施　选用发芽势强的种子，将新旧种子分开播种。床土要肥沃、疏松、透气，并且无鼠害。播种要均匀，密度要合适。

21. "戴帽"出土如何防控？

（1）原因　造成种子"戴帽"出土的原因：①由于盖土过薄，种子出土时摩擦力不足，使种皮不能顺利脱掉。②由于苗床过干。

（2）预防措施

● 浇足底墒水。苗床的底水一定要浇透。

● 注意覆土厚度。在播种之后，覆土厚度要适当，不能过薄，一般在1厘米左右。种子顶土时，若发现有种子"戴帽"出土，可再在苗床上撒一层营养土。

● 播后覆膜。在外界湿度不高时，播种后一般要在苗床表面覆盖塑料薄膜，以保持土壤湿润。

● "摘帽"。一旦出现"戴帽"出土现象，要先喷水打湿种皮（使种皮易于脱离），而后人工摘除。

22. 畸形苗如何防控？

（1）原因　①床土土质不好。②浇水方法不当。

（2）预防措施

● 配好床土。在配制床土时，要适当多搭配腐殖质较多的堆肥、厩肥。播种后，覆土也要用这种营养土，并可加入细沙或腐熟的圈肥。

● 科学浇水。播种后至出苗前，尽量不浇水。播前灌水要适量，待苗出齐后再适量覆土保墒。如果播种后至出苗前床土太干，可用喷壶洒水，水量要小，能减轻土面板结。

23. 沤根如何防控?

（1）原因　①水分不适。营养土或基质湿度过大,通气性差,根系缺氧窒息。

②地温低,昼夜温差大。地温长时间低于13℃,容易引发沤根,昼夜温差过大也会引发沤根。

（2）预防措施

● 科学配制营养土。在配制营养土时,适当加大有机肥的用量,以提高营养土的透气性能,同时农家肥还可以通过自身发热,适当提高苗床温度。

● 加温育苗。温度过低时,尽量采用酿热温床或电热温床进行育苗,使苗床温度白天保持在 20 ～ 25℃,夜间保持在 15℃左右。

● 科学浇水。温度过低时要严格控制浇水,做到地面不发白不浇水,阴雨天不浇水。浇水时要用喷壶喷洒进行补水,切勿大水漫灌,以防止土壤湿度过大,透气性下降。

● 排湿。一旦发生沤根,需及时通风排湿,也可撒施细干土或草木灰吸湿,并及时提高地温,降低土壤或穴盘基质的湿度。

● 叶面施肥。叶面喷施 1.8%复硝酚钠水剂 6 000 倍液加甲壳素 8 000 倍液,促进幼苗生根,增强幼苗的抗逆能力。

● 科学建床。低温季节采用穴盘育苗时,应注意将穴盘排放在地表下的苗畦内,这样才能有效地避免地温过低,昼夜温差过大而引发沤根。

24. 烧根如何防控?

（1）原因　烧根主要是由于施肥过多,土壤干燥,土壤溶液浓度过高造成的。一般情况下,若土壤溶液浓度超过 0.5%就会烧根。此外,如床土中施入未充分腐熟的有机肥,当粪肥发酵时更容易烧根。

（2）预防措施　在配制营养土时,一定要按配方比例加入有机肥和化肥,有机肥一定要充分腐熟,然后与肥料混合,营养土要充分混匀。已经发生烧根时要多浇水,以降低土壤溶液浓度。

25. 高脚苗如何防控?

（1）原因　一是播种量过大;二是出苗前后床温过高,湿度较大。

（2）预防措施　适当稀播。撒播种子要均匀，及早进行间苗。苗出土后及时降低床温及气温，阴雨雪天气要适当降低育苗设施温度，提高幼苗光照度，延长光照时间。

26.生长不整齐如何防控？

（1）温度管理方面　低温季节栽培时，为了促进幼苗生长，管理上采取过于提高床温的办法，从而导致幼苗徒长、影响花芽分化、病害发生等问题；阴雨低温天气，因怕幼苗受冻而不敢放风，从而造成苗床低温高湿而引发疫病；幼苗定植前未经低温锻炼致使幼苗肥而不壮，定植后返苗慢。夏季育苗时常因通风降温设施跟不上，导致温度过高而造成花芽分化不良，影响早熟和产量。

（2）水肥管理方面　低温季节育苗时，因施肥浇水过多，导致幼苗貌似壮大，但经不起定植后不良天气的考验。另外，苗床湿度过大会引起幼苗徒长、发生沤根并诱发病害。高温季节育苗，苗床易缺水干燥，若浇水方法不恰当，遇大雨时防涝措施跟不上，就会导致病苗、死苗。

（3）光照管理方面　低温季节育苗时，对草苫等不透明覆盖物的揭、盖管理不及时，导致苗床上光照不足，致使幼苗茎细叶小，叶片发黄，易徒长、感病。高温季节育苗时，则常因光照过强，在温度较高时，没有遮阴物或遮阴过度而导致秧苗徒长。

27.死苗如何防控？

（1）原因　发生死苗的原因较多，一般有以下几个方面：病害、虫害、药害、肥害、冻害、风干、起苗不当等造成死苗。

（2）预防措施

●营养土杀菌。在配制营养土（基质）时要对营养土（基质）和育苗器具做彻底消毒，按每平方米苗床用50%多菌灵可湿性粉剂8～10克或90%噁霉灵可湿性粉剂1克，与适量干细土混匀撒于畦面，翻土拌匀后播种。配制营养土（基质）时，每立方米营养土中加入50%多菌灵可湿性粉剂80～100克或90%噁霉灵可湿性粉剂5克，充分混匀后填装营养钵（穴盘）；幼苗75%出土后，喷施50%多菌灵可湿性粉剂500倍液杀菌防病，以后7～10天喷1次。适时通风换气,防止苗床内湿度过高诱发病害。

●消灭虫害。用50%辛硫磷乳油50倍液拌碾碎炒香的豆饼、麦麸等制毒饵,撒于苗床土面可杀蝼蛄;用50%地虫消乳油1000倍液浇灌苗床土面,可有效控制多种地下害虫及蚯蚓危害。

●合理用药。严格用药规程,在苗床土消毒时用药量不要过大;药剂处理后的苗床,要保持一定的湿度。

●科学用肥。有机肥要充分发酵腐熟,并与床土拌和均匀。分苗时要将土压实、整平,营养钵(穴盘)要浇透。颗粒化肥粉碎或溶化后与土混匀使用。

●防止冻害。在育苗期间,要注意天气变化,在寒流、低温来临时,应及时增加覆盖物,尽量保持干燥,防止被雨、雪淋湿而降低保温效果。有条件的可采取临时加温措施:采用人工控温育苗,如电热线温床育苗、分苗;合理增加光照,促进光合作用和养分积累;适当控制浇水,合理增施磷、钾肥,提高苗床土温,保证秧苗对温度及营养的需求,提高抗寒能力。寒流过后立即喷用72%农用链霉素可溶性粉剂2000倍液喷洒叶片,杀死冰点细菌等。

●适当通风。在苗床通风时,要在避风的一侧开通风口,通风量应由小到大,使秧苗有一个适应过程。大风天气,注意压严覆盖物,防止被风吹开。

●合理起苗。在起苗时不要过多伤根,多带些宿土,随分随起,一次起苗不要过多;起出的苗用湿布包(盖)好,以防失水过多;起苗后分苗时,还要剔除根少、断折、感病以及畸形的幼苗;分苗宜小不宜大,有利于提高成活率。

五、定植后的管理

1. 露地栽培的基肥如何配施？

甜瓜的茎叶茂盛，由于生长量大，产量高，播种前要施基肥。前茬若是粮食作物，一般土壤较瘠薄，基肥应当多施，若是肥沃菜田可适当少施。基肥可全面施和集中施相结合，普施的肥料在耕翻前施入，不易被冲刷而流失；集中施肥可在耕翻后开沟施入，这样既能调节肥料盖土深度，又能更好地将肥料散布在土壤里，利于土壤中的养分迅速地被甜瓜根系吸收转移，并缩短吸收转送的过程。一般地力水平及产量要求条件下，每亩需普施有机肥（圈粪或土杂肥）3 000 千克，过磷酸钙 50 千克，尿素 20 千克。为提高磷肥的肥效，可将过磷酸钙与有机肥在施前混合堆积发酵，开沟前运到田中，打碎条施。还可施入饼肥 200 ~ 300 千克。

一般有机肥充足，甜瓜生长健壮，不得病或很少发生病害，产量高，品质佳；如有机肥不足，速效氮肥过多，则使甜瓜徒长，造成化瓜，抗病力下降，品质差、产量低。

2. 设施栽培的基肥如何配施？

设施甜瓜生育期长，产量高，比露地栽培需肥多。设施内前茬作物收获后及时深翻 20 厘米，重施基肥，基肥以土杂肥、猪、牛、羊、鸡粪等有机肥为主，一般每亩施土杂肥 5 000 ~ 8 000 千克，鸡粪等 3 500 ~ 5 000 千克，磷酸二铵 100 千克，硫酸钾 50 千克。其中 2/3 的肥料在翻地时撒施，1/3 在做垄时施入垄底部。

3. 如何做垄?

地整平后,先在起垄的地方挖20厘米宽的沟,沟深15～20厘米,然后将备好的肥料施于沟内,将肥和土掺匀,灌水后封土成垄宽40厘米,沟宽80厘米,垄高10～12厘米。高垄,最后覆地膜。

在底墒足的情况下,顺起垄线将底肥撒上,然后用锄或其他工具按规定规格起垄。

(1)高畦栽培 高畦总宽2米,其中畦面宽70厘米,沟宽130厘米,畦高10～12厘米。一畦2行,株距30～50厘米。

高畦高度的确定。由于地区、地势、土质、季节、气候、水位、降水量及耕作管理水平等条件的不同,对高畦高度的规格要求就不能一样。一定要因地制宜,以便充分发挥这种栽培方法和当地自然资源的优势,根据各地的经验,也有一些原则可以遵循。如春季进行甜瓜栽培时,影响生长发育的主要矛盾是地温和气温偏低。采用高畦地膜覆盖技术,是提高地温的有效方法。高畦高度不同,增温效果也不同,高度越高增温值越大。从测定耕作层土壤含水量的变化情况来看,比较高的畦,有利于多雨地区和低洼易涝地块防止雨涝带来的危害,但不利于旱季、干旱地区、山冈、坡地种植。

江南地区因年降水量大,雨天多,地下水位高,土质黏重,有不渗水的土层等因素,应以防涝为主要目标,高畦比江北地区的应高一些为宜,一般在15～25厘米。在少雨地区或灌溉条件差的岗坡地,则偏低一些为好。

北方和东北地区,一般土层深厚,土壤渗透力强。春季较干旱,并常伴有大风,早春温度低,应以增温、保墒,防低温和冷冻为主要目标,畦高以10～20厘米为宜。在这个范围内,因地制宜确定具体高度。

在水源充足、土质偏黏、有胶泥底不渗水层、地势低洼等地块,畦做得高一些较好;在沙性土壤、漏水漏肥、高岗、丘陵、坡地和缺少水源、不能保证灌溉等地块,高畦则偏低一些为好。雨季的降水量大而集中,要以便于排水防涝为重点,同时须考虑到在雨季有时也可能遇到干旱、缺少雨水的情况。若水源有保证,高畦则可达15～20厘米;在低洼易积水的地块,还可使高畦的高度达25～30厘米。

在西北高原地区,常年雨量稀少,阳光充足,日照强,蒸发量大,往往缺少水源和灌溉条件，不易出现涝害。保墒是夺取全苗的重要环节，一般可采用5～10厘米的高畦，甚至采用平畦地膜覆盖栽培。

（2）向阳坡畦栽培　向阳坡畦的宽度应根据不同地区、不同季节、不同耕作习惯和地膜的宽度确定。首先要考虑宽度应有利于甜瓜栽培；其次应有利于抗旱和防涝；其三应考虑地膜的利用率；其四应考虑采光条件。一般用100厘米宽的地膜。

向阳坡畦一般为南北向，东西延长，这样畦面在一天之内受光均匀，温度高低差异较小。

（3）高埂沟栽　山东叫高垄沟栽，北京叫沟畦栽种，均为起土打埂做沟栽培。由于高畦或高垄地膜覆盖栽培，在春季霜期内不能防止植株地上部分的霜冻危害，因而必须进行改革。

● 顺畦沟覆盖。在预备起畦的地方开底宽50厘米的槽形大沟。这样可以使甜瓜的播种期或定植提前（比高畦）15天左右，使幼苗在霜期也可以正常生长。等终霜过后，将幼苗掏出塑料薄膜外。这时仍要注意天气变化，防止大幅度降温天气突然袭击，并按技术操作要求去做，才能确保安全生产，防止损失。

● 地膜横跨沟畦覆盖。地膜横跨沟畦覆盖做畦的方法与单幅地膜顺畦沟覆盖有所不同。其主要区别在于畦埂要做成一大一小，一低一高，以便在大畦埂上取土压牢地膜，小畦埂高于大畦埂，当作地膜支撑物，地膜覆盖成屋脊形，防止因积水而下沉。

（4）朝阳沟栽培　朝阳沟的挖法是按行距1米一带挖一沟，将耕作层的肥沃田土翻在沟的南面，耕层下的生土夯墙。墙的宽窄和高低，与各地的纬度、气候有关。在河南省墙高一般为30～40厘米，墙宽20厘米。夯墙一般在播种或定植前20天进行。夯墙有2种方法：①20厘米高的墙可以直接一面铲土一面夯，夯够高度，再用铲将墙两边铲齐。②墙高于20厘米的，要用两块板夹着夯实，这样夯出的墙整齐、结实。夯墙用土一定要湿润，如果干燥要稍加一点水，以不沾工具为原则。墙夯好后整沟，使沟宽50厘米，深20厘米。

整沟后再将事先准备的肥料施于沟内，然后盖上地膜，膜下每隔50厘米用树条、细竹竿或竹片儿扎一拱形用于支撑地膜。地膜一般应在播种或定植前10～15天盖上，提高地温，以备播种或移栽。

（5）高畦矮拱棚栽培　这种栽培方式对喜温怕低温危害的甜瓜，是比较理想的一种覆盖栽培方法。它综合了高畦和高垄沟栽两种方式的优点，同时又克服了它们单独使用的缺点。这种栽培畦沃土深厚，地膜可先当"天膜"用，有防寒、保温的效果。可以使甜瓜提前到晚霜结束前 10～15 天播种和定植，不但克服了高畦地膜覆盖栽培不能使甜瓜提前到晚霜期内出苗和定植的缺点，而且也克服了高垄沟栽地膜覆盖单独应用时，甜瓜在生育中后期和进入雨季后，因沟内荫蔽，湿度大、通风透光不良而引起的各种病害和增加烂果等缺点，因而是一种有较大发展前途的栽培方法。

高畦矮拱棚的建造方法，按建高畦的田间作业顺序，在完成做高畦、播种及定植后，用小竹竿、紫穗槐条、柳条或杨条等材料，在高畦上扦插成高 50 厘米（每 50～60 厘米一拱架），稍大于高畦底宽的矮拱棚架。用 100 厘米宽的地膜覆盖在矮拱棚架上面，周围用土将地膜埋严、压实，膜上每隔 2～3 拱压一拱形竹竿或树条。一方面可以防风，另一方面便于放风时候膜绷紧。

待终霜期过后，苗长到将要顶住膜时，再将"天膜"揭开，撤掉矮拱棚架。待松土、除草和追肥后，再把撤下的"天膜"改变为地膜覆盖，变成高畦地膜覆盖栽培。

4. 甜瓜露地栽培定植有哪些注意事项？

（1）适期定植

● 适时定植。适时定植必须在当地终霜以后，气温应稳定在 18℃，土壤温度应稳定在 15℃。根据历年气象资料，华北、华东大致在 4 月下旬，因为此时仍有寒流出现，所以应根据天气预报，选择晴天定植。晴天地温高，定植后新根容易发生，缓苗快。

● 适龄定植。根据秧苗的生长状态而定。如大田定植季节将至，天气晴好，此时秧苗生长良好，根系开始伸出营养钵，当在苗床上管理困难时，应抓紧趁晴天，及时定植；如秧苗生长尚小，相互间无拥挤现象，根系未伸出钵外，即使定植季节已到，也可推迟移栽，这是因为苗床的气候条件既有利于幼苗生长，又便于集中管理，适当迟栽比早栽有利。

（2）合理密植　一般情况下，薄皮甜瓜的栽培密度大于厚皮甜瓜；早熟小果型品种大于晚熟大果型品种；单株留蔓数越多，栽的苗越少；土壤肥力越高，越应稀植。

（3）定植方法

●带水稳苗。先按行距开沟，沟深一般8～9厘米，然后顺沟浇水，将幼苗按一定株距摆于水沟中，使水浸透土坨，在水将要渗完时封土，封土厚度与苗坨相平。要求沟要深浅一致，不能一头水干了，另一头有积水。

●暗水沟栽。先按规定行距开沟，将苗按规定株距摆放在沟内封土成垄。在苗垄旁开小沟灌水，使水向苗坨洇，待水渗透后用土将沟填平。此法虽费工，但土壤不板结；由于地温高，可使幼苗扎根生长快；不论密度大小，操作都比较方便。

●暗水穴栽。按一定株行距开穴，将幼苗栽入，埋少量土，逐穴灌水后封土。此法栽后土壤不板结；由于地温高，可使幼苗生长快。但密度大时操作不方便，面积大时又太费工，所以只适合小面积栽培或庭院定植甜瓜。

●灌沟洇畦。高垄（畦）地膜覆盖栽培，先按行株距挖穴定植，栽后覆膜。先将苗掏出膜外，再将膜两边用土压于垄（畦）的两侧，然后浇满水沟，洇湿洇透高垄（畦）。该法效果好，但要使垄（畦）平整，不能太宽也不能太高，以防落干。

●开大沟定植。在做好的垄（畦）上，先按株距摆苗，然后灌水，水量以洇透土坨为准，第二天下午封土至土坨平（棚内），露地栽培时等水渗完就开始封土。此方法对垄（畦）面的平整程度要求不严。具有土壤不板结、便于新根伸长、有利于提高地温和施护根肥方便等特点。

●定植后明水漫灌。在做好的垄（畦）上，按行株距开穴定植或开沟埋栽，一垄（畦）栽完后即灌大水进行明水漫灌。该法既省工又水量足，但费水，会使地温降低。早春定植不能采用。

温馨提示

甜瓜定植时如底肥不足，可补施窝肥、沟肥、护根肥。肥料种类最好是细肥，如饼肥、鸡粪干、磷酸二铵等。一般饼肥亩施50千克左右。有机肥施前一定要充分腐熟；化肥每亩用量不能超过10千克。先将肥施到窝内或沟内与土掺匀,然后栽苗灌水。灌水后再封土的可在灌水后将肥料施于根际,然后封土。此肥集中在幼苗根部,新根一发就可得到充足的养分,是一项很好的增产措施。

若施肥量过多或有机肥腐熟不充分均会引起烧根现象。

5. 甜瓜设施栽培定植有哪些注意事项?

（1）塑料大棚栽培

● 适期定植。各地定植时间有所不同,华东地区在3月上中旬。黄淮海地区在3月中下旬。西北、东北等寒冷地区在4月上中旬。可在定植前60天扣棚。因大棚定植时气温较低,所以扣棚越早越好,地温越高,缓苗时间越短。

● 合理密植。大棚栽培每垄(畦)栽1行,双蔓整枝时株距为30～40厘米。栽苗前按株距先在高垄(畦)中央破膜打孔,孔内灌足水,然后将幼苗放入,让幼苗尽量带土,保护根系免受损伤。待水渗下后,用土把孔填满,表层最好覆一层细土,既保湿又可防止板结。定植时苗坨与地面持平,不要过低或过高。定植后要清洁地膜上的泥土,以便充分发挥其透光增温作用。定植最好选择在冷尾暖头的晴天上午,如加盖小棚则当天就要将小棚盖好。

（2）日光温室栽培

● 适时定植。一般定植苗龄在35～40天,即幼苗长出4片叶时。定植时选择冷尾暖头的天气,应在晴天的8～15时定植,这样有利于定植后缓苗。

● 合理密植。冬春茬栽培,均采用立式密植栽培。种植密度过高会影响地面见光而造成地温低;种植密度过低则会降低单位面积产量而直接影响收益。一般薄皮甜瓜品种,种植密度为1 389～1 852株/亩,厚皮甜瓜品种可种植稀一些,每亩保苗1 600株为宜。

6. 甜瓜露地种植水肥管理有哪些注意事项?

（1）浇水

● 缓苗水。定植后3～4天浇1次缓苗水,一般在生长前期不再浇水,以利于根系向纵深生长，增强植株后期的抗旱能力。若需要浇水时，最好是开沟暗浇或淋浇，避免用大水直接浇瓜根。暗灌时，水量不宜过大。

●伸蔓水。植株伸蔓后及坐果前，需水量渐多，这时需浇1次伸蔓水。若开花前浇水过多，容易引起落花落果，但在干旱时，坐果前应浇水，以保花保果。

●膨瓜水。甜瓜在果实膨大期需水量较大，在甜瓜长到似枣子大时，生长重心已由茎叶转向果实，此时稍一缺水，幼果生长就会受到抑制。因此保证充足的水分供给，对果实良好发育十分重要，此时浇1次膨瓜水，7～10天后可再浇1次小水。

（2）追肥　生育期较长的厚皮甜瓜，尤其是中晚熟的哈密瓜、白兰瓜品种，均应进行追肥。薄皮甜瓜的生育期短，只需施足底肥，不必追肥，但如果地力差，基肥施用不足，植株长势弱时，也应适时适量追肥。南方雨水多，土中肥料易被淋溶流失，需要进行多次追肥。每次追肥的量不宜过大，以不超过总施肥量的30%为宜。一般情况下，甜瓜在苗期不追肥。

●伸蔓肥。伸蔓期在离苗20厘米处开挖15～20厘米的沟，将碳酸氢铵或尿素施入沟内，随后浇水。在开花坐果期，为防止营养生长过旺而影响坐果，应严格控制肥水，一般不追肥。

●膨果肥。果实膨大期需要的养分较多，一般在植株两侧开沟或随浇水进行追肥，每亩追施碳酸氢铵30～50千克，硫酸钾20～30千克。如果植株生长不良、营养不足，也会造成授粉不良和落花落果。这时不但要进行根际追肥，而且还要进行根外追肥，在叶面喷施0.4%磷酸二氢钾+0.5%尿素溶液，一般每隔5天喷1次，共喷2～3次。

7. 甜瓜设施种植水肥管理有哪些注意事项?

（1）苗期　在定植后 3～4 天，选择冷尾暖头晴天的上午浇水，此时瓜苗较小，浇水量不宜过大。

（2）营养生长期　定植时，为了防止降低地温，应采用穴内浇水。缓苗期要浇 1 次缓苗水，浇水量不宜过大，在两行小垄间的浅沟浇半沟水即可。到了伸蔓期，植株生长量增加，吸肥、吸水能力增强，这时需浇 1 次伸蔓水。在浇水时同时进行追肥，追肥种类以氮肥为主，适当配合磷、钾肥。

（3）伸蔓期　植株长到 10～12 片叶时浇伸蔓水，浇到畦高 2/3 即可。结合浇水进行施肥，以施氮肥为主，适当配施磷、钾肥。施肥时，距根部 10～15 厘米处，挖一个 10 厘米深的穴，以利于施肥后立即浇水。开花前 1 周控制水分，防止植株徒长，促进坐果。

（4）膨瓜期　幼瓜长至鸡蛋大小定瓜后，进入膨瓜期。此时是浇水追肥的重要时期。一般距根部 20～30 厘米处开穴追肥，每亩追施尿素 20～30 千克，施肥后要浇水，隔 7～10 天可再浇 1 次小水。

定瓜后可喷施叶面肥，每 7 天喷 1 次。肥料选用喷施宝和磷酸二氢钾 300～400 倍液。

开花后 1 周要控制浇水，防止水分过多使茎叶疯长，影响开花坐果。果实进入膨大期，植株对肥水的需要量大增，要充分灌水，每 10 天浇 1 次小水，整个结瓜期共浇水 2～4 次。光皮果实接近成熟时（采收前 10 天）停止浇水；网纹甜瓜在开花后 10～13 天限量浇水，保持适当干燥，以利于糖分积累和形成致密美观的网纹。浇水时随水追肥，一般每亩追尿素 15 千克＋硫酸钾 10 千克，除施用速效化肥外，还可冲施腐熟鸡粪、豆饼等。

（5）二茬瓜的施肥灌水　在头茬瓜采收后，重新进行浇水、施肥，每亩施复合肥 30 千克，以促进二茬瓜生长。二茬瓜及以后各茬瓜生长期间，平均 7 天浇水 1 次，每茬瓜追施尿素 15 千克／亩。浇水前喷洒农药，浇水后加大通风排湿。

8. 水肥一体化如何应用于甜瓜轻简化种植?

（1）水肥一体化　水肥一体化技术是将灌溉与施肥融为一体的农业新技

术。水肥一体化是借助压力系统（或地形自然落差），将可溶性固体或液体肥料，按土壤养分含量和作物种类的需肥规律和特点，配对成的肥液与灌溉水，通过可控管道系统供水、供肥，使水肥相融后，再通过管道和滴头形成滴灌，达到均匀、定时、定量地浸润作物根系发育生长区域，使主要根系土壤始终保持疏松和适宜的含水量。根据不同园艺作物的需肥特点、土壤环境、养分含量状况、不同生长期需水量及需肥规律情况进行设计，把水分、养分定时定量，按比例直接提供给作物。该项技术要求有井、水库、蓄水池等水质好的固定水源，适宜在已建设或有条件建设微灌设施的区域推广应用。主要适用于设施农业栽培、果园栽培和棉花等大田经济作物栽培，以及经济效益较好的其他作物。

（2）水肥一体化主要技术要领

● 滴灌系统。根据地形、田块、单元、土壤质地、作物种植方式、水源特点等情况，水肥一体化的灌水方式可采用管道灌溉、喷灌、膜喷灌、膜下喷灌、微喷灌、泵加压滴灌、重力滴灌、渗灌、小管出流等。特别忌用大水漫灌造成氮素损失，同时也降低了水分利用率。

● 施肥系统。在田间要设计为定量施肥，施肥系统包括蓄水池和混肥池的位置、容量、出口、施肥管道、分配器阀门、水泵肥泵等。

● 选择适宜肥料种类。可选液态或固态肥料，如氨水、尿素、硫酸铵、硝酸铵、磷酸一铵、磷酸二铵、氯化钾、硫酸钾、硝酸钾、硝酸钙、硫酸镁等肥料；固态以粉状或小块状为首选，要求水溶性强，含杂质少，一般不用颗粒状复合肥；如果用沼液或腐殖酸液肥，必须经过过滤，以免堵塞管道。

● 灌溉施肥的操作。①肥料溶解与混合。施用液态肥料时不需要搅动或混合；但固态肥料需要与水混合搅拌成液肥，必要时进行分离，避免出现沉淀等问题。②施肥量控制。施肥时要掌握剂量，注入肥液的适宜浓度大约为灌溉流量的 0.1%。例如灌溉流量为 50 米^3/亩，注入肥液大约为 50 升/亩；过量施肥可能会致作物死亡，造成环境污染。③灌溉施肥程序分为 3 个阶段。第一阶段，选用不含肥的水湿润；第二阶段，使用含肥料的溶液灌溉；第三阶段，用不含肥的水清洗灌溉系统。

（3）水肥一体化条件下进行整地做垄

水肥一体化技术要求地势平坦，整地精细，施足底肥。对做垄的质量要求较高，只有垄平埂直才能达到滴水均匀一致，土壤表层颗粒也要细碎。做垄以高垄为主，垄高 15 ~ 20 厘米，垄距 150 ~ 160 厘米，垄面宽 80 ~ 90 厘米，沟宽 70 厘米，垄为南北向。

（4）滴灌设施安装

●压水源。常用水源包括机井水、蓄水池等，根据不同水质情况，有的水质要经初步除沙处理，并使其保持出水压力 0.12 ~ 0.15 兆帕。

●田间首部。包括施肥阀、施肥罐、过滤器及分水配件，分别用于控制水源、施肥、过滤等。

●输水管道。要求能够耐受 0.2 兆帕以上的工作压力，并具有防老化性能。

●滴灌管。适合设施甜瓜应用的主要有双上孔单臂塑料软管、内嵌式滴灌管。

9. 甜瓜生长过程中有哪些必要矿物质元素？

（1）氮　氮素不是甜瓜需肥量中最多的营养元素，生产中却施用氮肥最多，使用氮肥数量超过钾肥。原因在于土壤母质中几乎不含氮素，土壤仅存的氮素还容易流失。在当前甜瓜栽培中重视钾肥时，切莫忽视氮肥的重要作用。

甜瓜对肥料吸收有选择性，甜瓜最容易吸收利用硝态氮。在低温季节应以施用硝态氮为主，若硝态氮过多容易导致甜瓜内亚硝酸盐含量增加，因此在天气转暖时逐渐增加铵态氮用量。土壤中供氮多寡与甜瓜叶柄中的硝态氮含量有关，所以通过叶柄中硝态氮分析，可确定是否追肥，这就是植株分析的追肥方法。

（2）磷　甜瓜是对磷敏感作物。磷进入根系后很快就会转化成有机质，如糖磷脂、核苷酸、核酸、磷脂和某些辅酶。磷直接参加碳水化合物、脂肪和蛋白质代谢，在光合作用中磷还能起到能量传递作用，若没有磷，植物全部代谢活动都不能正常进行。

在甜瓜栽培过程中，幼苗期磷不足时立即有明显反应——颜色变紫。所以从栽培开始就应供给充足磷肥。磷肥在植株体内能够重新分布，根尖和茎尖含磷多，幼叶比老叶片含磷多。

（3）钾　钾能在植株体内重新分布，在生长点、新生侧根组织、新叶、新形成的生殖器官等部位都有大量钾存在。光合产物的运转、气孔开放的调节都需要钾。由于钾在植物体内能够运输，所以含钾不足首先表现在老叶上，新叶能够从老叶片中夺取钾，很少表现出缺钾症状。近几年在甜瓜栽培中施用钾肥数量逐年增加，往往超过甜瓜对钾的需求，即土壤中本来就含有相当多的钾，在施用钾肥之前，土壤已经具备为甜瓜植株提供相当数量钾元素能力。

（4）钙 钙是植株细胞壁中胶层的果胶组成元素，钙缺乏时细胞分裂不能正常进行。植株生长和细胞分裂旺盛部位都极需钙。早春栽培甜瓜，在遇到阴天时，往往会发生对生产危害十分严重的烂龙头现象，其原因就是顶端分生组织缺乏钙，细胞分裂受阻。根尖也是分生组织所在之处，同茎端一样，缺钙时根尖正常生长受阻，根尖烂死，成为病害侵入点，容易引发病害。

钙在植株体内是不易流动元素，主要存在于老叶和其他老的组织和器官中，龙头是新生组织，缺钙明显。叶片向后翻卷成为所谓的降落伞叶也是钙不足所致。

植株缺钙不等于土壤缺钙，土壤中的钙可能不缺乏，由于钙的吸收不如其他元素容易，依靠蒸腾作用消耗水分，根系吸收水分并向上运输，钙随着蒸腾所需的水分进入植株体内并沿维管束上升，这是被动吸收，速率较慢。尤其是保护地内甜瓜，由于空气相对湿度大，蒸腾作用受抑制，水分吸收随之减少，钙吸收量也随之减少，是保护地甜瓜缺钙严重的根本原因。

（5）镁 镁是叶绿素的组成成分，镁在植株体内主要分布在绿色部位。镁也是多种酶的活化剂，种子内含镁也比较多。镁在土壤中和植株体内移动比钙容易，缺镁主要表现在老叶片上。土壤中很少缺镁，植株缺镁多发生在施肥比例失调时。

（6）甜瓜对矿物质元素的吸收量与施用量 在甜瓜生长过程中，无论是干物质还是氮、磷、钾的累积量都不断提高，盛果期最高，即盛果期甜瓜生长量最大，主要是果实生长。甜瓜不同时期氮、磷、钾吸收速率有所不同，钾在各个时期的吸收速率远高于氮和磷，到盛果后期，钾的吸收速率也居高不下。

研究显示，生产 1 461 克的甜瓜果实，单株吸收氮 4.39 克、磷 1.59 克、钾 6.78 克、钙 9.29 克、镁 1.22 克和硼、锌等微量元素。由于不同元素在土壤中和其他有机肥中的含有量、吸收率和被固定的难易程度不同，在栽培中的施用量，一般氮是吸收量的 3 倍，磷是吸收量的 8 倍，钾是吸收量的 2 倍左右。生产实践中甜瓜平均单株施肥量大致是：氮 12 克、磷 16～18 克、钾 16 克。但还需根据土壤肥力、土质、pH 等进行调整。

10. 如何将酵素菌生物肥应用于甜瓜生产?

（1）分类施 酵素菌发酵秸秆堆肥（以下简称堆肥）和土曲子（又叫普通粒状肥，以下简称普粒）适宜大田作物和瓜果作基肥。高级粒状肥（简称高粒）、磷酸粒状肥（简称磷粒）属于高效精肥。堆肥亩用量 500～1 000 千克；粒状肥每亩 100～200 千克。

施用堆肥和各种粒状肥时，要注意随运随用，严防日晒和风干。喷洒叶面肥，一般选择晴好天气，尽量避免雨天或降水前后。露地栽培，阴天也可喷洒，在夜露出现之前结束。但要避开中午高温，一般在 10 时以前和 14 时之后喷洒。

（2）配合施 为了提高肥效，可将几种酵素菌肥配合使用。如水、旱田施用堆肥＋普粒作底肥；果、蔬类施用堆肥＋高粒＋磷粒＋普粒作基肥。

（3）混合施 施用前先将酵素菌发酵堆肥和多种粒状肥混合，待施用时再和土壤混合，使之尽量减少与种苗接触，避免发生肥害。尤其是磷酸粒状肥烧性大，施用时更应注意。

温馨提示

※ 选择质量合格的菌肥。菌肥必须保存在低温（最适温度 4～10℃）、阴凉、通风、避光处，以免失效。不购买过期产品，一般超过 2 年的生物菌肥要慎重选择。

※ 根据菌种特性，选择使用方法。使用方法有：撒施、沟施和穴施。也可以先撒施一部分，剩余部分采用穴施效果更佳。

※ 尽量减少微生物死亡。施用过程中应避免阳光直射；蘸根时加水要适量，使根系完全吸附。

※ 为生物菌提供良好的繁殖环境。菌肥中的菌种只有经过大量繁殖，在土壤中形成规模后才能有效体现出菌肥的功能，为了让菌种尽快繁殖，就要给其提供合适的环境。

※ 生物菌不宜与氮磷钾复合肥料共同使用，适合与有机质共同使用。因其与氮磷钾复合肥料共用，能杀死部分微生物菌，降低肥效。

11. 如何进行厚皮甜瓜的整枝?

(1)单蔓整枝 有时又称一条龙整枝法,即主蔓不摘心,摘除坐果部位前的所有子蔓,选留10节以上中部的子蔓结果,果前留2～3叶对子蔓摘心,上部的子蔓根据田间生长情况可以放任生长、适时摘心或疏除。此法在我国西北地区早熟品种密植栽培时采用较多。

(2)双蔓整枝 主蔓3～4片真叶时摘心,子蔓15厘米左右选留2条健壮的子蔓,其余从基部摘除。子蔓长到20～25节时摘心,子蔓4节以上留果,孙蔓留2叶摘心,结果后,子蔓上部的孙蔓可以放任生长,如植株生长势过旺,田间郁闭,可疏除部分不结果的孙蔓。

温馨提示

※ 整枝应掌握前紧后松的原则。子蔓迅速伸长期必须及时整枝;孙蔓发生后抓紧理蔓、摘心,促进坐果,同时酌情疏蔓,促使植株从营养生长为主向生殖生长为主过渡,促进果实生长。果实膨大后,根据生长势摘心、疏蔓或放任生长。

※ 前期抓紧整枝,早熟效果显著。整枝应在晴天气温较高时进行,此时整枝不仅伤口愈合快,而且可以减少病菌感染;因此时茎叶较柔软,可以避免不必要的损伤。

※ 田间有露水或阴雨天时不应整枝。

※ 单株叶太少,整枝过狠,植株容易早衰,果实不能充分长大,含糖量也低,过早摘除所有生长点的"省工整枝"并不合理。

※ 整枝应结合理蔓、压蔓,使枝叶合理、均匀分布,以充分利用土地与光能,减少茎叶重叠荫蔽,否则不仅影响光合作用,而且易发病。在西北地区,为避免风卷瓜蔓,开始伸蔓时,应多次用土块压蔓,不要在坐果节位上压蔓。

12. 如何进行薄皮甜瓜的整枝?

(1)双蔓整枝　适用于子蔓结果早的品种。双蔓整枝就是当幼苗3片真叶时主蔓摘心,然后选留2根健壮子蔓任其生长,不再掐尖。这种方法能促进早熟,但产量较低,密植早熟栽培时多用此法。

(2)三蔓整枝　与双蔓整枝方法相似,只是每株留3条有效子蔓,达到一株结3个瓜的目的。

温馨提示

※ 瓜田局部植株过密时,宜采用双蔓式或三蔓式整枝法,使株密而蔓稀;植株太稀时宜采用多蔓整枝方式,做到株稀而蔓密,调节瓜蔓上的疏密度和结果数。

※ 整枝摘心必须及时,一旦延缓难以补救,摘心伤口越小,愈合越快。

※ 甜瓜在整枝时要配合引蔓,大垄双行栽培的采用背靠背爬,单垄栽培的采用逐垄顺向爬。整枝引蔓过程中要及时摘掉卷须,并将茎蔓合理布局,防止相互缠绕。

※ 整枝最好在晴天中午进行,以加速伤口愈合,减少病害感染。整枝时注意不要碰伤幼果,以防落果和形成畸形果。

※ 整枝以植株叶面刚好铺满畦面,又能看到稀疏地面为好,但要保证坐果后幼果不外露。

※ 为使植株茎蔓均匀分布在所占的营养面积上,防止风刮乱瓜秧,需要压蔓固定,但不需把蔓压入土内,只要用土块在茎蔓两侧错开压住即可。

13. 如何进行人工授粉?

在晴天的清晨,从瓜田摘取开放的雄花花蕾置于容器中,待其自然开放后,摘除花瓣,将扭曲状的花药对准柱头,轻轻涂抹即可,每朵雄花可授1~2朵雌花。若在阴雨天授粉时,需用塑料小帽或小纸筒防雨。

阴雨天温度较低，空气相对湿度高，会使开花的时间推迟。雄花必须在开放前采回，然后把预计当天会开放的雌花套上防雨帽。室内雄花开放后，在田间雌花开放时授粉，操作时避免花粉和柱头淋湿，再套上防雨帽。在雨不大的情况下，人工辅助授粉，对促进坐果的效果明显。

温馨提示

※在晴天授粉必须在 10 时前，若 10 时以后授粉，坐果率会明显下降。阴天开花迟，授粉时间可适当推迟。

※雄花花蕾在室内开放花粉量较多，在开花当天采摘，比在田间随采随授粉效果好。

※操作时要小心，以防碰伤子房和柱头。抹花粉量要多，同时也要均匀。

14. 如何进行选留果?

（1）选择坐果节位　留果的位置因品种和整枝方式不同而不同。早中熟品种，双蔓、三蔓整枝时，选择子蔓中部 3～5 节的孙蔓结果，产量高，品质好。

（2）留果时间　留果应在幼果呈鸡蛋大小开始迅速膨大时进行。过早看不准幼果的优劣，过晚浪费幼果生长的养分。

（3）选留幼果的标准　幼果颜色鲜嫩、形状匀称、两端稍长、健全，果柄较长、粗壮，花脐较小的幼果，是长成优质大果的基础。

（4）留果数量　厚皮甜瓜一般一次选留 1～2 个果。薄皮甜瓜通常对选果、留果工作不像厚皮甜瓜那么严格，但是对坐果节位过低、果实太小、畸形果、病果、烂果，必须及时摘除，以保证适宜部位的正常果实得以快速膨大发育。一般视植株长势及田间密度，每株选留 4～5 个果，多者可达 10 余个果。

六、病虫害防治

1. 猝倒病的特点与防治方法有哪些?

（1）症状　瓜苗在出土前染病，造成胚茎和子叶腐败而死。出土后，幼苗茎基部呈水渍状斑，褐色、凹陷并皱缩，子叶萎蔫，幼苗倒伏，湿度大时病处会长出霉状物。

（2）侵染规律及发病条件　该病由疫霉属真菌引起。病害多发生在幼苗出土至第二片真叶平展阶段。病菌腐生性很强，在土壤中可长期存活，其以卵孢子、菌丝体在病残体上及土壤中越冬。翌春，遇适宜条件时萌发，侵染幼苗。在土温 10～15℃、高湿、弱光条件下该菌繁殖迅速，大于 30℃则受抑制。土温为 10℃时不利瓜苗生长，而病菌仍能活动，成为发病的适宜温度，因此，在早春育苗时，往往因土温偏低、苗床湿度过大、通风透光不良等综合因素，导致猝倒病大面积发生。

（3）防治方法

●农业防治。严格选择育苗床址和床土。选择向阳、地下水位低，易排水、管理方便的田块做苗床；从 7～10 年未种过瓜类作物的地块取土配制营养土；有机肥应在充分腐熟后使用。

●加强苗床管理。应做好苗床的温、湿度管理，防止出现徒长苗。

●防治方法。1 米^{3}营养土拌敌磺钠 70％可湿性粉剂 70～120 克用于育苗，出苗后，结合降低苗床湿度，撒施 0.2％代森锰锌、百菌清、多菌灵、甲基硫菌灵药土（按使用说明施用）。也可用 72.2％霜霉威水剂加水 400 倍液，浇灌苗床，1 米^{3}用药液 3 千克。

2. 立枯病的特点与防治方法有哪些？

（1）症状　幼苗染病后茎基部出现椭圆形褐色病斑，叶子白天萎蔫，晚上恢复，以后病斑凹陷，病斑绕茎一周后将导致植株枯死，但病株不易倒伏，呈立枯状为该病的特点。

（2）侵染规律及发病条件　该病由立枯丝核菌侵染引起。病菌在土壤中越冬，经伤口或自然孔口侵入幼茎发病，腐生性极强，在 15～20℃时发病较重。

（3）防治方法　发病初期喷淋15%噁霉灵水剂450倍液,72%霜脲·锰锌（克露）可湿性粉剂400倍液防治。

3. 枯萎病的特点与防治方法有哪些？

（1）症状　苗期发病时，幼茎基部变褐皱缩，子叶、幼叶发黄萎蔫下垂，严重时幼苗枯萎死亡；成株期受害，叶片从根颈部向上逐渐萎蔫，中午症状尤为明显，早、晚可以恢复正常。如此反复数日后，叶片呈褐色，萎蔫日趋严重，引起全株枯萎死亡。

典型症状是病根表皮层呈水渍状黄褐色，粗糙，有纵裂；剖视根颈维管束呈黄褐色，是病菌侵入组织细胞内所分泌毒素侵害所致。在潮湿条件下，病根部产生白色或粉红色霉状物，为病菌分生的孢子。

（2）侵染规律及发病条件　枯萎病病菌的菌丝体、厚垣孢子和菌核在土壤、病残体及未腐熟的带菌肥料中越冬，种子带菌，是翌年发病的初次侵染源；土壤中的病菌多从根或根颈的伤口和自然孔口侵入。在甜瓜生育期，久旱后遇连续阴雨天或过量灌水时，田间有积水或土壤偏酸，容易发病，连作田更易发病。

（3）防治方法

● 农业防治。①应与非瓜类作物实行 5 年以上轮作；与牧草实行 3 年以上轮作。及时清除病株，并防止病菌通过灌溉水流入无病瓜田。②用无病或经堆沤高温灭菌的土壤作营养土。③施肥时，氮、磷、钾三要素要合理配合，尤其在结瓜前不宜多施氮肥，以免植株徒长。施入瓜地的肥料必须充分腐熟，以免将病菌带入。酸性土壤可增施石灰进行土壤改良。④南瓜常用作甜瓜砧木，进行嫁接栽培，防治枯萎病。

● 药剂防治。①播种前先用福尔马林 100 倍液浸种 30 分，然后再用 50%

多菌灵可湿性粉剂 500 倍液浸种 1 小时，捞出种子用水清洗干净后，用于催芽播种。

②在移苗时，根据往年病情，在雌花开放前、幼瓜呈鸡蛋大时，灌根预防或治疗。常用药剂为 14%络氨铜水剂 500～1 000 倍液，70%敌磺钠可湿性粉剂 1 000 倍液，70%甲基硫菌灵可湿性粉剂 800～1 000 倍液，38%噁霜·菌酯 800 倍液，5%菌毒清水剂 1 000 倍液，灌根药液量为 0.25～0.5 千克／株进行防治。

4. 霜霉病的特点与防治方法有哪些？

（1）症状　主要危害叶片。子叶发病，表现为正面从不均匀退绿、黄化逐渐转为不规则的枯黄斑。在潮湿情况下，叶背面为一层疏松的灰色或紫黑色霉层，子叶即很快变黄枯干；苗期以后发病，在叶片正面隐约可见淡黄色病斑，无明显边缘；而叶片背面会出现圆形或多角形病斑，边缘呈水渍状，在清晨露水未干时观察尤为明显。随着植物的生长，病斑继续发展，正面逐渐变为黄褐色至褐色病斑，背面则形成一层灰黑色至紫黑色霉层；遇高温干燥时病斑停止发展而枯干，背面不产生霉层。

（2）侵染规律及发病条件　该病由黄瓜霜霉病菌侵染引起。病菌的卵孢子在土壤和病株残体上越冬，也可在温室、大棚等保护地上越冬，孢子囊通过气流、雨水及昆虫传播。在低洼潮湿处先发病，形成发病中心后迅速向全田蔓延。在较适宜的条件下，不形成发病中心也会很快流行。病菌遇低温、潮湿、多雨露时最易流行。

（3）防治方法

● 物理防治。棚室种植的厚皮甜瓜较耐高温，短期内闷棚，使棚室温度提高至 40～45℃，将会明显抑制霜霉病发生。

● 药剂防治。使用 68.75%氟菌·霜霉威可湿性粉剂 1 000 倍液，52.5%噁唑菌酮·霜脲氰可湿性粉剂 400～600 倍液，72%霜脲·锰锌可湿性粉剂 600 倍液，72.2%霜霉威水剂 400 倍液，采取茎叶喷雾；在保护地内也可选用 30%百菌清烟剂熏烟防治，施用量每亩每次为 250～300 克为宜。

5. 白粉病的特点与防治方法有哪些？

（1）症状　白粉病主要危害植株的叶片、叶柄及茎。发病初期叶产生淡黄色小粉点，扩大后变为白色圆形霉斑。在环境条件适宜的时候，霉斑会迅速扩大，使全叶布满白色粉状物，严重时叶片枯黄卷缩，但不脱落。后期霉斑变灰，叶片上会长出许多小黑点。

（2）侵染规律及发病条件　由瓜类单囊壳属和白粉菌属侵染引起。病菌的闭囊壳在被害植株病残体上或混入土壤中越冬，也可在温室活体上越冬，翌年春季释放子囊孢子引起初侵染；发病后形成分生孢子进行再侵染。病菌分生孢子在 10～30℃ 都能萌发，以 20～25℃ 最适，16～24℃ 时发病严重。在植株徒长、枝叶过密、通风不良、光照不足时发病较重。

（3）防治方法

● 农业防治。合理密植，及时整枝打杈，增施磷、钾肥，促使植株健壮生长。

● 药剂防治。在白粉病多发的棚室，每亩用 250 克硫黄加 500 克锯末混匀，在定植前点燃熏 3～5 天。白粉病发生后，用 25% 乙嘧酚悬乳剂 1 000 倍液，30% 氟菌唑可湿性粉剂 1 500～2 000 倍液，25% 嘧菌酯悬乳剂 1 500 倍液，喷雾全株，5～7 天喷 1 次，连续喷 2 次。

6. 疫病的特点与防治方法有哪些？

（1）症状　病菌可侵染幼苗、茎、叶及果实。子叶受害呈圆形暗绿色病斑，中央部分逐渐变成红褐色，幼苗近地表处症状显著，严重时倒伏枯死。叶片受害初期呈暗绿色病斑，天气潮湿时软腐似水煮状；天气干燥时，为淡褐色，干枯皱缩，易脆裂。茎基部受害时呈暗绿色水渍状病斑，病部皱缩软腐，但维管束不变色，这是与枯萎病的主要区别。果实受害先产生凹陷的暗绿色病斑，湿度大时全果软腐，表面密生绵毛状白色菌丝。

（2）侵染规律及发病条件　由疫霉菌侵染引起。病菌从伤口侵入。病菌的菌丝体和卵孢子随病残体在土壤和有机肥中越冬，种子也带菌。翌年春完成初侵染和再侵染。病害发生的适宜温度为 28～30℃。病菌孢子萌发需要较高的湿度条件，因此暴雨或大雨后发病严重，连作、地势低洼、排水不良、大水漫灌过的田块发病较重。

（3）防治方法

● 农业防治。实行 5 年以上轮作倒茬，选择沙质土壤种植，保护地注意通风排湿，露地雨季加强排水。采用地膜覆盖栽培，减少侵染源。

● 药剂防治。在发病前或发病初期进行茎叶喷药防治，遇雨时等雨后补喷。常用药剂有 68.75％氟菌·霜霉威可湿性粉剂 1 000 倍液，72％霜脲·锰锌可湿性粉剂 500 ～ 700 倍液，40％乙膦铝可湿性粉剂 300 倍液，72.2％霜霉威盐酸盐水 600 ～ 800 倍液。

7. 蔓枯病的特点与防治方法有哪些？

（1）症状　该病对茎、叶、果实均有危害，但以茎蔓受害最重。茎蔓发病，一般从节部开始，病斑呈淡黄色油浸状，稍凹陷，椭圆形，后期龟裂，表面密生小黑点，观察病茎维管束不变色；叶片发病，呈黑褐色，圆形或不规则形，有不明显的同心轮纹；病叶干枯呈星状破裂，叶缘上老病斑有小黑点；果实发病为水浸状病斑，后期中央变褐色枯死斑，呈星状开裂。

（2）侵染规律及发病条件　由瓜蔓割病菌引起，病菌的分生孢子器、子囊壳在病残体上和土壤中越冬，种子带菌。翌年春，孢子经气流、风雨传播，或以种子传播侵染发病，产生新的分生孢子器和子囊壳进行再侵染。在高温高湿、连作、地势低洼、通风透光不良、植株伤口多等情况下易于发病。

（3）防治方法

● 人工防治。从健康植株上采种，并进行种子精选及消毒。

● 农业防治。瓜田及时排水，做到雨后干爽；及时拔除病株并烧毁。

● 药剂防治。降水前后喷药防治，伸蔓后每隔 7 ～ 10 天喷药 1 次。药剂可用 75％百菌清可湿性粉剂 500 ～ 700 倍液，80％代森锌可湿性粉剂 600 ～ 800 倍液，50％多菌灵可湿性粉剂 800 倍液等。

8. 细菌性叶斑病的特点与防治方法有哪些？

（1）症状　甜瓜整个生育期都能发病，该病主要危害叶片、茎蔓和果实。子叶发病，初期为圆形或不规则形浅黄褐色、半透明斑点，以后病斑扩大；叶片发病，初期为水浸状小点，扩大后，因受叶脉限制，病斑呈多角形或不规则形，病斑背面可溢出黄白色菌脓，后期病叶干枯，呈黄褐色，病斑处易开裂脱落；茎蔓受害，病斑为褐色，病斑扩展围茎一周后，可引起病斑以上茎蔓枯死；果实发病，果皮上出现绿色水渍状斑点，以后发展为不规则形中央隆起的木栓化病斑，病斑周围水渍状，病斑可发生龟裂，向果内扩展引起烂瓜，并使种子带菌。见彩图1。

（2）侵染规律及发病条件　由丁香假单胞菌甜瓜致病变种引起。病菌随着病残体在土壤和种子表面越冬，成为翌年初侵染源。病菌由伤口和自然孔口侵入，带病种子发芽后即侵入子叶，通过雨水、昆虫和人的接触传染是在温度22～28℃，或潮湿、多雨、田间湿度大的情况下病害发生的主要条件。地势低洼，连作田发病重。

（3）防治方法

● 农业防治。加强田间管理，保护地栽培注意通风换气，降低棚内温、湿度。与非瓜类作物实行3～5年轮作。

● 药剂防治。选择无病种子，在播种前用55℃温水浸种20分或用福尔马林150倍液浸种1.5小时进行种子消毒，捞出用清水洗净后进行催芽或播种。

发病初期喷50%春雷·王铜微粒剂600～800倍液、新植霉素90%可溶性粉剂4 000倍液，50%百菌通可湿性粉剂500倍液等，7～10天喷1次，连续喷2～3次。

9. 炭疽病的特点与防治方法有哪些？

（1）症状　幼苗发病，子叶边缘出现褐色半圆形或圆形病斑；茎基部发病呈黑褐色，并皱缩猝倒；叶片发病，出现水浸状纺锤形或圆形病斑，很快干枯，病斑黑色，外围显一紫褐色同心轮纹，湿润时，在叶片正面长出水浸状黄褐色的分生孢子块后叶片变褐枯死；幼果发病，往往整个果实变黑，皱缩腐烂；成熟果发病，为暗绿色油浸状小斑点，扩大后呈圆形或椭圆形凹陷的暗褐色至黑褐色病斑，可龟裂，潮湿时产生粉红色黏质物，严重时腐烂，病斑上密生同心轮纹状小黑点。

（2）侵染规律及发病条件　由瓜类炭疽菌属真菌侵染引起。病菌主要以菌丝体和拟菌核随病残体遗留在土壤中或附在种皮上越冬，种子也带菌。病菌借雨水、灌溉水、昆虫等传播，发生侵染及再侵染。湿度是发病的主要因素，其次为温度。空气相对湿度在95％以上、温度24℃时发病最快。土壤pH 5～6时，偏氮肥、连作、通风透光不良、高温、高湿是该病流行的主要条件。

（3）防治方法

● 人工防治。选用无病种子，在播种前要进行种子消毒。

● 农业防治。加强田间管理，清园，多施有机肥，提高植株抗病性。及时整枝打杈，合理密植，保证田间通风透光条件。

● 药剂防治。发病初期用50％溴菌腈可湿性粉剂800倍液，75％咪鲜胺可湿性粉剂800倍液，80％福美双可湿性粉剂800倍液，每隔7～10天喷1次，连续喷3～4次，经雨后再补喷。

10. 病毒病的特点与防治方法有哪些？

（1）症状　主要有花叶和蕨叶2种类型。一种表现为病叶上出现黄绿嵌镶花斑，扩展后可见浓绿与淡绿相间花斑，叶变小，叶面皱缩，凹凸不平，新叶畸形，茎蔓纤细，节间缩短；另一种表现为新叶窄长，皱缩，花期发育不良，坐果困难，即使坐果也易形成畸形果。见彩图2、彩图3。

（2）侵染规律及发病条件　由甜瓜花叶病毒侵染引起。甜瓜花叶病毒只侵染瓜类作物，甜瓜种子带毒率较高，该病毒由蚜虫、田间操作及接触传染。在春夏季气温偏高、天气连续干旱、水肥供应不足、蚜虫大发生时发生严重。

（3）防治方法　加强田间管理，培育健壮植株，提高抗病能力。重病区采用温室、大棚、小拱棚等保护地栽培措施。

● 人工防治。种子严格消毒。拔除病株，可减少侵染源。

● 药剂防治。可喷10％吡虫啉可湿性粉剂2 000倍液或20％绿菜宝乳剂2 000倍液灭蚜。在发病前或发病初期，用20％病毒A可湿性粉剂500倍液加0.1％硫酸锌，1.5％植病灵乳油1 000倍液加0.1％硫酸锌进行茎叶喷雾，7～10天喷1次，连续喷3～5次。

11. 根结线虫病的特点与防治方法有哪些？

（1）症状　主要危害根部。子叶期染病，致幼苗死亡。成株期染病主要危害侧根和须根，发病后侧根和须根上长出大小不等的瘤状根结，表面白色光滑，后期变成褐色，整个根肿大粗糙，呈不规则状。由于根部组织内发生生理生化反应，使得水分和养分的运输受阻，上部叶片黄化，类似营养不足的症状，有的植株叶片瘦小，皱缩，开花不良，导致减产严重。见彩图4、彩图5。

（2）侵染规律及发病条件　根结线虫生存在土壤5～30厘米处，病土、病苗及灌溉水是主要传播途径。根结线虫生长适温为20～30℃，致死温度为55℃，致死时间为5分。根结线虫喜好气土壤，田间土壤湿度大有利于其活动，但在过湿土壤中，其活动又会受到抑制。另外，沙质土壤比黏质土壤发病重。根结线虫活动在适温范围内与温度呈正相关，春季气温低，因此发病晚而慢；秋季气温高，发病早而快。因为是土传病害，所以连作发病重。

（3）防治方法

● 物理防治。南方稻区或水源便利的地方放水漫灌60天，能有效杀灭根结线虫，防止引起侵染。在大棚等保护地内，还可采用夏季高温闷棚杀虫。

● 农业防治。实行2年以上的轮作，有条件的最好实行水旱轮作。

● 药剂防治。在定植前沟施或穴施10％噻唑膦颗粒剂2千克，98％棉隆颗粒剂30千克于土壤中，然后移植幼苗，效果较好。

12. 细菌性果腐病的特点与防治方法有哪些？

（1）症状　甜瓜在整个生育期内均可被细菌性果腐病侵染，以果实上的症状最为明显。果实初期症状为瓜面出现水渍状小点，当天气晴好空气相对湿度较小时，果实表面的水渍状小点会自然愈合，呈疮痂状；当天气不好或空气相对湿度较大时，果实表面的水渍状小点3～5天内变成浓黄色，并逐渐加深成褐色水渍状。切开果实发现，有时沿果实表面向内腐烂，严重的整个果实液化变质，有时被侵染部位会收缩呈木栓化。网纹类甜瓜受感染后伤口也能自然愈合，但在伤口周围网纹很难形成。见彩图6。

（2）侵染规律及发病条件　种子带菌是细菌性果腐病传播的主要途径之一，在初次侵染后，病原菌可以长期存活在土壤中或在连茬瓜类作物或葫芦科野草的植株或残体中越冬，一旦条件适合就会大暴发。据观察，高温多湿是该病害得以流行的环境条件，高湿是其发生的主要诱因，病菌可通过雨水和不合理的灌水迅速传播。在比较干燥的天气，即使某些植株已经发病，也不会大面积流行和暴发，但大雨过后或大水漫灌最容易使整个田块植株发病，并逐渐蔓延到邻近田块。在保护地内采用滴灌发病较少。人工在整枝、激素蘸果等田间操作的交互感染会加重该病的发生。另外，病菌也能通过伤口、气孔、风力和昆虫传播。

（3）防治方法　首先要选择好制种基地，其次在采种时，将清洗过的种子用1%过氧化氢浸泡15分，捞出后再用清水清洗，然后快速干燥种子，进行健康种子生产是最有效的措施。在确保使用健康种子的前提下，防治的关键在于切断发病途径或不给细菌性果腐病创造发病条件。

13. 叶枯病的特点与防治方法有哪些?

（1）症状　果实膨大期，在果实着生部位附近的叶片上，发生叶烧变白或组织褐变枯死，并且逐渐扩大。叶枯病往往在连续阴雨转晴后因养分和水分不足时开始发生，如植株缺镁，使叶片上枯死部位不固定，有时在叶缘，有时在叶脉间，有时又在叶尖上。

（2）发病原因

● 土壤干燥。由于土壤溶液浓度过高和土壤盐分积聚，使根系吸收水分受到阻碍，容易发生叶枯病。

● 植株整枝过度。整枝过度抑制根系生长，坐果过多增加植株负担，加剧根系吸收和地上部消耗水分的矛盾而引起叶枯病。

● 嫁接原因。甜瓜嫁接栽培由于砧木选择不当，嫁接技术差，嫁接苗愈合不良，容易引起养分吸收不好等。

（3）防治方法

● 农业防治。①增施腐熟的有机肥料，改良土壤结构，改善根系的生长条件。②培育根系发达的适龄壮苗，适时定植。生长前期加强土壤管理，促进根系生长。③避免因整枝过度而限制根系生长，提高吸收能力，适当留果以减轻植株负担。④嫁接栽培时选择亲和力强的砧木，改进嫁接技术，改善嫁接苗水分吸收和输送条件。

● 药剂防治。当发现植株出现缺镁症状时，每周用1%～2%硫酸镁溶液喷1～2次，有一定效果。

14. 凋萎的特点与防治方法有哪些?

（1）*症状*　甜瓜果实采收前，有时在中午会出现叶片凋萎，傍晚时又恢复正常，第二天中午又出现叶片凋萎，晚上叶片不能恢复正常而枯死。

（2）*发病原因*　甜瓜凋萎通常发生在栽培地土壤为保水性差的沙壤土，或土壤干燥、利用塑料钵育苗、幼苗根量少且老化、移植时根系发育不良、缓苗慢的地块。整枝过度，留1～2个侧枝的不发生凋萎，没有侧枝的则枯死。温室栽培时棚温高、土壤干燥易发生枯死。从以上发生甜瓜凋萎情况分析，发病原因主要是植株发育不良所致。由于坐果和果实膨大，同化养分大部分流向果实，很少流向根部，根的发育趋于停顿，造成根的吸收能力降低。当果实膨大盛期，必然需要大量水分，水分的吸收和需要严重不相适应，从而导致凋萎。

（3）*防治方法*

●农业防治。甜瓜应选择保水、保肥力强的土壤栽培，施用腐熟有机肥，适当灌水，培育根系发育良好的幼苗。

●物理防治。前期采用地膜覆盖增温、保水等措施，促进根系生长，为中后期茎叶生长和果实发育奠定基础。棚温管理方面应避免高温及土壤干燥。一般白天保持26～30℃，夜间18～20℃，光照好时可适当高些。根据植株的生长状态确定坐果节位和结果数。前期根量少、生长弱的植株，坐果节位要后延，等根恢复生长后再坐果，坐果数不宜过多。

15. 肩果的特点与防治方法有哪些?

（1）*症状*　肩果是指靠近果梗部分因发育不良导致从侧面看像梨形的果实。肩果有2种情况：一种情况是肩形的程度较轻，另一种情况是果实显著肩形。

（2）*发病原因*　前者是在花芽分化期缺钙而形成畸形。多肥植株生长势旺盛，植株同化养分仍输入生长点，幼嫩子房得不到充足的营养而畸形，所以肩果发生较多。温室甜瓜在低温期也会形成肩果。后者则是在植株坐果后，接着又着生第二个果，当植株的同化养分大部分流向第一个果实，而第二个果实得不到正常同化养分的供应，果顶更细，从而形成肩果。用植物生长调节剂处理也容易发生肩果，这与植物生长调节剂施用不均匀有关。

（3）防治方法

● 农业防治。在育苗阶段促进花芽正常分化。注意大田中的施肥量，避免植株生长过旺，坐果后及时施肥。

● 人工防治。及时检查坐果部位幼果的形状，摘除果形不正和过多的幼果，以保证保留的果实得到充足的同化养分而正常发育。

● 药剂防治。用植物生长调节剂处理瓜胎时，应注意药剂施用均匀。

16. 畸形果的特点与防治方法有哪些?

（1）症状　果实表面沿着心室部位出现棱角状的凸起。横剖后可见到果肉呈南瓜样的凹凸形状。坐果节位低，植株生长势弱，果实膨大前期得不到充足营养而形成的扁形果，容易出现棱角果。低节位所结果实，果实发育期处于较低或较高的温度下，也容易形成扁形果。与扁形果相反的是纵长果，果实的长度大于果实的宽度。据观察甜瓜开花后的前13天中果实主要是纵向伸长，而后是横向膨大，故网纹甜瓜在产生网纹以前发育良好，而后生长发育差的会形成纵长果。

（2）发病原因

● 幼果生长不良。幼果生长初期在纵向生长时未能充分发育。

● 植株营养不良。植株营养生长弱，叶形小、叶面积不足，果实生长得不到充足的同化养分，使果实生长受阻。

（3）防治方法

● 农业防治。调整栽培季节和改善设施栽培的温光条件，使果实发育处于正常的温度条件下。控制结果节位，使其在适宜节位坐果，保证果实发育期间得到充足的同化营养。植株生长势差的可以推迟结果，必要时摘除低节位的幼果，促进营养生长，而后再促进结果。

17. 光头果的特点与防治方法有哪些?

（1）症状　果面上不长网纹或部分生长网纹，称为光头果。

（2）发病原因　网纹甜瓜果实表面硬化以后，随着果实内部的发育，使果实表面开裂，产生裂纹。形成光头果的一种情况是在果实发育过程中果实表面始终不硬化，果实继续发育至长成时才硬化，因为内部生长减弱，网纹产生不多，所以形成光头果。另一种情况是果实硬化后膨大不良，网纹也不发生，形成小果型的光头果。夏季栽培因高温、多湿，果实膨大良好，果面硬化推迟，雌花大部分出现在高节位，产生大果型光头果较多。冬季光照不足，低温时植株在营养不良情况下产生小果型光头果较多。

（3）防治方法

● 人工防治。保持植株正常生长，在适当节位（第十节左右）留果。开花后 10 ～ 13 天内节制浇水，促使果实表面硬化。夜间应通风换气，使果实表面形成裂纹，防止光头果的产生。

● 药剂防治。用较粗糙的毛巾，浸上 80％代森锌可湿性粉剂 400 ～ 600 倍液，75％百菌清可湿性粉剂 800 倍液，稍用力擦拭果实，一般在开花后 20 ～ 25 天横向网纹形成盛期进行，有利于网纹的形成。

18. 小地老虎的危害与防治方法有哪些？

（1）危害状　以幼虫危害幼苗，在幼虫咬食小苗时，齐地面咬断嫩茎，造成缺苗断垄，伸蔓以后咬断瓜蔓顶端生长点及叶柄，影响生长发育。老龄幼虫则分散危害，昼伏夜出活动，咬断甜瓜根茎，以第一代幼虫危害最重。

（2）防治方法

● 及时消灭幼虫。发生较重的地块，在幼虫 3 龄时喷 5.7％氟氯氰菊酯 3 000 倍液于幼苗周围，有效期在 10 天左右，效果为 100％。

● 诱杀成虫。利用黑光灯诱蛾，或者按红糖 3 份，酒 1 份，醋 3.75 份，水 2 份，90％的敌百虫 0.25 份的比例配制糖醋液。配好后放在小盆内，水深保持 3 ～ 4 厘米，将盆设在离地面 1 米高的三脚架上，一般 3 ～ 5 亩放一盆，白天加盖防蒸发，傍晚开盖诱蛾。根据消耗情况，每天补充醋和水。

● 应用驱避剂。使用方法是：甜瓜出苗后每 10 千克清水加入 1 ～ 2 粒萘，待萘完全溶化后，用于喷洒幼苗，也可在移栽时点穴浇"安家水"。采用此法可使保护地内小地老虎 7 ～ 10 天不敢接近甜瓜苗，防效在 90％以上。露地瓜田若遇大雨，在雨后需再喷 1 次。

●利用兔粪驱避。用兔粪 1 千克，加清水 10 千克，装入容器中把口封好，沤制 15～20 天，而后将其浇施到甜瓜幼苗上或根附近，利用兔粪散发的气味，使小地老虎不敢接近甜瓜幼苗，起到驱虫保苗的作用。

19. 蝼蛄的危害与防治方法有哪些?

（1）危害状　蝼蛄的成虫和幼虫喜欢吃刚发芽的种子，咬食根部，使幼苗枯死。咬食症状为乱麻状，可区别于金龟子。有时将幼苗近地面的嫩茎咬成麻绺状，有时将幼苗嫩茎咬断，造成缺苗。此外，蝼蛄还在表层土壤穿行成隧道，使幼苗根部失水，致使植株萎蔫死亡。

甜瓜成熟时，蝼蛄常在瓜下土壤中栖息，并在瓜的贴地面钻洞啃食，引起果实腐烂。

（2）防治方法

●农业防治。土壤深耕，冬耕春耙，以消灭越冬成虫和虫卵。施肥时，不能施用未经腐熟的有机肥料。

●物理防治。可用甜瓜专用种衣剂包衣。在拌药时，拌药量要力求准确，拌种要均匀一致，拌药后要使种子充分晾干，然后催芽播种。

20. 金龟子的危害与防治方法有哪些?

（1）危害状　幼虫叫蛴螬，在地下活动，食性杂，咬食根部或直接咬断根或茎，造成幼苗枯黄而死，然后转移危害，同时使病菌、病毒从伤口侵入，引起发病。温度影响使幼虫在土中升降，春秋季节到表土层危害；夏季多湿幼虫活动性强，尤其是在小雨连绵的天气危害最重。

（2）防治方法

●农业防治。采用地膜覆盖栽培技术，施用充分腐熟的厩肥，可减轻成虫和幼虫危害。翻耕土地时捕杀成虫。

●物理防治。用黑光灯诱杀成虫，利用成虫的假死性，于夜晚人工捕杀。

●药剂防治。用 1.8% 阿维菌素乳油 4 000 倍液在瓜苗定植时浇在瓜棵根部，能有效地杀死蛴螬。

21. 金针虫的危害与防治方法有哪些?

（1）危害状　此虫咬食播下的种子、幼芽及幼苗的地下根茎，使幼苗枯死，造成缺苗断垄，甚至毁种。

（2）防治方法　同金龟子防治方法的相关内容。

22. 种蝇的危害与防治方法有哪些?

（1）危害状　种蝇以幼虫危害甜瓜种芽和幼根。幼虫从甜瓜幼苗根颈处蛀入，咬食嫩茎危害，苗死后又觅幼根为食。被害的种子常不能发芽，被害的幼苗萎蔫死亡，造成缺苗断垄。

（2）防治方法

●农业防治。深翻土壤。施用充分腐熟的有机肥料。在苗床中挖沟浇水，防止成虫在苗床或田间产卵。

●药剂防治。播种或定植前，每公顷用1.8%阿维菌素乳油400～500毫升，对水适量，拌细土300～450千克，沟施或穴施。施用的有机肥可在施肥前喷洒2.5%溴氰菊酯乳油、5%氯氰菊酯乳油3 000倍液，充分拌匀后施用，以杀死其中的卵和幼虫。若发现零星被害幼苗时，及时用300倍硫酸亚铁灌根，每5日1次，连续3次；也可用1.8%阿维菌素乳油2 000倍液喷雾或经对水灌根。

23. 潜叶蝇的危害与防治方法有哪些?

（1）危害状　在幼叶上产卵，卵孵化后在叶片内潜食叶肉，形成弯弯曲曲的小潜道，老熟后在潜道末化蛹。在土中的卵孵化成幼虫后，钻入瓜苗的幼根或嫩茎中，顺着根或茎蛀食心部的组织，使幼苗死亡。蛹褐色或黑色，长4.5～5毫米，腹部末端有7对肉质凸起。

（2）防治方法

●农业防治。施用充分腐熟的有机肥料，苗床中应控制浇水，防止成虫在苗床或田间产卵，采用地膜覆盖栽培，减少幼虫危害。用10%氯氰菊酯乳油1 000倍液，喷洒土壤2千克／米^2，或大田播种穴施颗粒剂0.2千克／穴。使药物与土壤混匀。也可穴施0.3%阿维菌素颗粒剂10克／株。

● 药物防治。用 20%氰戊菊酯乳油 1 500 倍，2.5%高效氯氟氰菊酯乳油 1 000 倍，40%绿菜宝乳剂 1 000 倍液，在早晨露水似干未干时对全田茎叶喷雾，隔 3 天重喷 1 遍，防效良好。

24. 蚜虫的危害与防治方法有哪些？

（1）危害状　蚜虫主要危害叶片或嫩茎。成蚜、若蚜群集叶背、嫩茎、嫩尖吸食汁液，致使叶片畸形、皱缩，叶片向叶背卷缩，生长缓慢，开花及坐果延迟，坐果期缩短，果实变小，含糖量降低，影响产量和品质，严重者整个叶片卷成一团，植株生长停止，甚至萎蔫死亡。

（2）防治方法

● 农业防治。3 月上旬清除温棚内外的杂草，要尽可能地将蚜虫消灭在甜瓜以外的蚜源植物上，以减轻危害。

● 药剂防治。瓜苗定植时株施 2%吡虫啉颗粒剂 5 克，可保苗 40 ～ 50 天不生蚜虫。注意田间观察，发现中心虫株，及早防治，把蚜虫消灭在初发期。用 10%吡虫啉可湿性粉剂 1 000 倍液，2.5%溴氰酯乳油 1 000 倍液，进行茎叶喷雾均可。

25. 红蜘蛛的危害与防治方法有哪些？

（1）危害状　瓜类被害叶起初呈现黄白色小点，危害严重时，叶背布满丝网，并粘满尘土，叶片黄萎，逐渐枯焦，不但对产量影响很大，而且它也是病毒的传媒之一。

（2）防治方法

● 农业防治。作物收获后，进行秋耕冬灌，深耕以 20 ～ 22 厘米为宜。早春进行耙地作业，将越冬成虫全部杀死。结合瓜田管理，清除瓜田和瓜地周围的杂草，能起到抑制和减轻红蜘蛛危害的作用。增加田间湿度，控制其发生发展。

● 药剂防治。用 1.8%阿维菌素乳油 2 000 倍液，10%炔螨特乳剂 1 000 倍液，20%哒螨灵乳油 800 ～ 1 000 倍液，20%单甲脒水剂 1 000 倍液，0.2 波美度石硫合剂水溶液进行喷雾防治。

26. 蓟马的危害与防治方法有哪些?

（1）危害状 成虫、若虫危害甜瓜花器和生长点及幼苗嫩叶。成虫体长约1.3毫米，褐色带紫，头胸部黄褐色，1年发生 10～14 代，以成虫越冬，每个雌虫产卵 180 粒。产卵历期长达 20～50 天，卵大部分产于花内植物组织中。

（2）防治方法

● 物理防治。利用白色油板诱杀。用 20 厘米×70 厘米白色纸板，套上塑料薄膜袋，在塑料薄膜正、反两面各涂上一层药油，油里加少许辛硫磷，把制好的白色板，在晴天的 9～12 时放入田间，诱杀效果较好。白色板插放位置以高出地面 50 厘米，间距 7 厘米为宜，白色板面以向南、向西为好。

● 药剂防治。用 10%吡虫啉可湿性粉剂 1 000 倍液，1.8%阿维菌素乳油 1 000 倍液喷雾茎叶，防效较好。

27. 白粉虱的危害与防治方法有哪些?

（1）危害状 以成虫和幼虫群集在作物的叶背部吸食汁液，其繁殖速度快，群集危害并分泌大量蜜液，严重污染叶面和果实，引起煤污病的发生，使植株生长不良，叶片变色呈黄色萎蔫，甚至枯死。

（2）防治方法

● 农业防治。加强管理，培育壮苗。在上茬作物清园时，注意清除周围杂草，并深埋或烧掉。

● 生物防治。在温室、大棚内释放草蛉，以虫治虫。

● 物理防治。用长 1 米，宽 0.2 米的纤维板或纸板涂成黄色，再涂上一层 10 号机油加黄油调匀，每亩放 32～34 块板，置于作物行间与植株高度相同。等黄板粘满白粉虱后，再涂机油，一般 10 天换板涂油 1 次。

● 药剂防治。在白粉虱初发时，用10%吡虫啉可湿性粉剂 1 000 倍液，氰·马菊酯乳剂 1 000 倍液，10%联苯菊酯乳油 3 000 倍液喷雾，效果较好。

28. 食叶虫类的危害与防治方法有哪些?

（1）危害状 食叶虫是以幼虫危害甜瓜。幼苗受害常造成缺棵。叶片受害，造成缺刻及大孔洞，严重时仅留叶脉和叶柄，对甜瓜的茎叶生长构成严重威胁；

危害子房和花冠花蕾，影响授粉、授精和坐果。危害导致甜瓜生长发育不良，从而造成大量减产。

（2）防治方法

● 农业防治。清除田间残叶杂草，减少虫源。用新鲜杨柳树枝扎成把，每亩放20把，于早晨和傍晚捕蛾杀死。

● 生物防治。选用生物农药Bt-8010乳剂、蜡螟杆菌三号等无毒无公害农药，防治鳞翅目害虫是农药的使用及发展方向。

● 药剂防治。用2.5%溴氰菊酯乳油1 000倍液，2.5%多杀霉素悬乳剂1 000～1 500倍液喷雾防治。